CHAMBRE SYNDICALE DES OUVRIERS EN BATIMENT

RAPPORT

DE LA DÉLÉGATION

DE L'INDUSTRIE DU BATIMENT

A L'EXPOSITION UNIVERSELLE D'AMSTERDAM EN 1883

PAR

J. LEPAGE-MARTIN

Rapporteur de la Délégation à l'Exposition,
Dessinateur appareilleur,
Professeur de Géométrie descriptive, de coupe de pierres, et de trait de menuiserie,
des cours publics et gratuits de l'Union Syndicale,
Rapporteur de la Chambre syndicale des Ouvriers en Bâtiment.

Louis DARDENNES

Peintre,
Secrétaire de la Chambre syndicale des Ouvriers en Bâtiment,
Conseiller prud'homme.

Louis BROUILLAUD

Maçon,
Conseiller de la Chambre syndicale des Ouvriers en Bâtiment,
Conseiller prud'homme.

Délégués de la Ville de Reims et de l'Etat.

REIMS

IMPRIMERIE ET LITHOGRAPHIE DE L'*INDÉPENDANT RÉMOIS*

6, Rue Hincmar, 6

1886

RAPPORT

DE LA DÉLÉGATION

DE L'INDUSTRIE DU BATIMENT

A L'EXPOSITION UNIVERSELLE D'AMSTERDAM EN 1883

19 Janvier
1886

VILLE DE REIMS

CHAMBRE SYNDICALE DES OUVRIERS EN BATIMENT

RAPPORT

DE LA DÉLÉGATION

DE L'INDUSTRIE DU BATIMENT

A L'EXPOSITION UNIVERSELLE D'AMSTERDAM EN 1883

PAR

J. LEPAGE-MARTIN
Rapporteur de la Délégation à l'Exposition,
Dessinateur appareilleur,
Professeur de Géométrie descriptive, de coupe de pierres, et de trait de menuiserie,
des cours publics et gratuits de l'Union Syndicale,
Rapporteur de la Chambre syndicale des Ouvriers en Bâtiment.

Louis DARDENNES
Peintre,
Secrétaire de la Chambre syndicale des Ouvriers en Bâtiment,
Conseiller prud'homme.

Louis BROUILLAUD
Maçon,
Conseiller de la Chambre syndicale des Ouvriers en Bâtiment,
Conseiller prud'homme.

Délégués de la Ville de Reims et de l'Etat.

REIMS

IMPRIMERIE ET LITHOGRAPHIE DE L'*INDÉPENDANT RÉMOIS*

6, Rue Hincmar, 6

--

1886

AVANT-PROPOS

—

En publiant ce rapport de la délégation rémoise à l'Exposition d'Amsterdam, il est juste de donner en quelques mots l'historique des faits qui ont trait à elle, de montrer que les recommandations faites et les promesses données ont été tenues, c'est-à-dire d'étudier, d'apprécier, de juger tout ce qui pourrait être de nature à intéresser notre rôle de délégué d'une industrie aussi variée et aussi complexe que l'est celle de la construction du bâtiment.

Pour quiconque comme pour nous avait à cœur de remplir ce mandat de confiance avec toute l'ardeur et le dévouement qui nous animait il y avait matière, surtout pour atteindre le but que nous nous étions proposé et rapporter tous les éléments qui m'ont permis la rédaction de ce rapport sur l'Exposition d'Amsterdam, mais encore sur l'ensemble de ce voyage des travaux visités et des monuments qui ont attiré notre attention tant par leur style que pour leur construction.

Tous n'ont pas tout à fait suivi cette voie, et alors quoi qu'en disent certains esprits chagrins qui nous ont appelés officiels, nous pouvons aujourd'hui leur répondre et surtout leur demander : Qu'avez-vous été faire à Amsterdam? qu'avez-vous vu là-bas? qu'avez-vous étudié? et enfin, qu'avez-vous rapporté de cet intéressant voyage d'études? Rien! Parce que l'esprit, distrait par la façon dont ils devaient pousser la note discordante dans l'ensemble d'une délégation française comme celle envoyée à Amsterdam par le gouvernement, Paris et les villes de province, n'a pas trouvé d'écho parmi les délégués officiels comme ils nous ont appelés.

Et que ceux-là, de vrais ouvriers, travaillant, c'est-à-dire maniant l'outil, ont pensé et compris que ce serait jeter un discrédit sur le travailleur français, que ce serait le faire passer à l'étranger pour un politiqueur incapable de s'occuper d'autre chose que de fomenter la discorde dans des réunions comme celles de Bruxelles, d'Anvers et d'Amsterdam et qui, heureusement, ont donné au public belge et hollandais la preuve la plus belle de cette incompétence notoire des choses sociales de la part de ceux qui ont organisé ces réunions, qui ont été de notre part l'objet d'une vive protestation en attestant que l'ouvrier français a le patriotisme et surtout le bon sens à la hauteur de sa dignité nationale, principalement en pays étranger.

La Délégation nationale à l'Exposition d'Amsterdam

On nous communique un numéro du *Moniteur des Syndicats* dans lequel se trouve le document suivant.

Nos concitoyens liront certainement avec un vif intérêt cette adresse aux ouvriers d'Amsterdam, inspirée par un esprit de sagesse qui fait honneur à l'excellente population ouvrière de notre ville :

Avant de quitter la ville d'Amsterdam, les délégués des tisseurs de Lyon, au nom de leur Chambre syndicale, qui compte de 18,000 à 20,000 membres, *les délégués de la Chambre syndicale du bâtiment de Reims*, les délégués des Chambres syndicales de Villefranche, ont, par l'organe de l'*Algemeen Handelsblad*, le plus grand journal d'Amsterdam, publié l'adresse ci-dessous aux ouvriers néerlandais.

Nous reproduisons ce document *littéralement*, sans rien retrancher à la traduction qui nous a été donnée. Nos amis

se sont servi du langage qui leur a paru bon. Il serait mal-
séant à nous d'y trouver à redire. Du reste, à part les
angles qui auraient pu être légèrement arrondis, c'est absolument notre pensée. C'est aussi, nous en sommes certains,
la pensée de la très grande majorité des ouvriers de France.

Nous n'ajouterons plus que quelques mots. Il était bon, il
était nécessaire que des citoyens ayant mandat, ayant autorité, parlassent ainsi au nom des travailleurs du pays de
France.

Vraiment, il eût été fâcheux que nos camarades néerlandais gardassent de nous le souvenir d'ouvriers politiciens
exclusifs. Non. Les travailleurs français sont et savent être
autre chose que cela.

Merci à nos amis de Lyon, de Reims et de Villefranche de
l'avoir affirmé.

Voici leur adresse :

Aux Ouvriers d'Amsterdam

Travail, sagesse, prospérité, progrès.

———

Amsterdam, le 1er septembre 1883.

Les délégués des associations ouvrières de France, auxquels nous
pouvons donner le nom de délégués de la nation, vu qu'ils représentent toutes les branches de l'industrie française, si vaste et si
variée, ont un grand devoir à remplir avant de quitter l'hospitalière
ville d'Amsterdam.

Ce devoir consiste à attirer l'attention des ouvriers néerlandais sur
la nature de la mission qu'ils ont remplie en qualité de représentants
des ouvriers de Paris et des autres villes de France.

Nous sommes, à notre grand regret, obligés de reconnaître que
plusieurs délégués n'ont pas compris entièrement la haute portée de
leur mandat.

Ce mandat était un témoignage d'estime et de sympathie qui leur
était donné par leurs camarades. C'était une haute distinction, tout
à fait digne d'être enviée. Beaucoup d'ouvriers avaient désiré que cet
honneur leur échût, afin de prouver que la France produit toujours
des hommes résolus à tout sacrifier pour pouvoir servir de mieux en
mieux leur patrie.

Il faut pardonner aux hommes à l'esprit trop ardent qui se sont
fait entendre dans les réunions d'Amsterdam et Bruxelles d'avoir
ainsi oublié leur devoir comme délégués des ouvriers français.

Ils représentent une très petite partie des ouvriers de France qui,
comme le savent tous les ouvriers de Hollande et de Belgique, ne

nourrissent pas d'autre idée que d'obtenir le progrès par des moyens pratiques et pacifiques.

C'est pourquoi les ouvriers français ont pour devise : « Tout pour le travail et par le travail ». Entre cette devise et celle des révolutionnaires anarchistes, il y a un long et profond abîme.

Vous savez déjà que ces derniers ne prêchent que la violence et la guerre à outrance. La guerre contre qui ou quoi? Contre un fantôme imaginaire, contre le capital! Et à quoi tend leur doctrine, sinon à créer une nouvelle société aux dépens de la société actuelle?

Tout est susceptible d'amélioration; mais nous plaignons cette poignée de fous qui veut employer des moyens de destruction que nous détestons. Ils sont incurables, ces fous, qui attisent la haine et l'envie et qui, après avoir répandu le mal en France, s'efforcent de le propager aussi dans d'autres pays.

C'est pourquoi nous ne voulons pas que l'on puisse supposer un seul instant que nous, les ouvriers tranquilles, nous, les champions du progrès, nous, les protecteurs du travail contre l'anarchie, nous, Français, nous soyons partisans des principes ci-dessus mentionnés.

Avons-nous raison ? L'avenir seul pourra le prouver !

Il se peut que cet avenir ne soit pas aussi éloigné qu'on se le figure. Un mouvement favorable s'est déjà produit dans les grands centres du travail en vue de créer des établissements d'instruction pratique et des écoles d'ouvriers, pour développer les facultés intellectuelles des travailleurs.

. Ces établissements, soutenus par le plus grand développement de l'enseignement des jeunes générations qui sont sur le point d'entrer dans l'arène, fourniront le moyen de triompher de la folie et de la myopie des intelligences.

A l'appui de ce que nous venons de dire, nous reproduisons ci-dessous le texte d'un discours prononcé le 8 avril 1883, à Reims, à l'occasion de la distribution solennelle des prix aux élèves de l'école professionnelle gratuite, par le citoyen Lepage, de Reims, fondateur du cours d'architecture dont il est chargé.

Nous reproduisons ce discours pour indiquer les sentiments qui nous poussent à étudier la question et à la résoudre d'une façon pratique, et qui déjà a donné une preuve éclatante de ce qui peut naître du bon sens et de la bonne harmonie des idées communes.

« Nous demandions des professeurs éclairés, dévoués pour les ouvriers; nous demandions la création de cours pratiques et démonstratifs, à l'usage de ceux du bâtiment.

C'était d'une utilité incontestable. La création de ces cours professionnels et les services que va rendre cette bienfaisante institution sont éminents, très éminents, car ils rendront plus prospère et plus forte surtout la classe des ouvriers actifs et laborieux.

Les cours auront ce suprême avantage d'enseigner jusqu'au plus haut degré notre art si ardu et si hérissé de difficultés.

Les cours formeront les ouvriers de choix, à qui on pourra confier des travaux sérieux et difficiles.

Les cours viendront en aide, par la certitude d'une parfaite exécution, aux artistes, aux architectes qui sans cesse sont à la recherche du beau et se trouveront complétement secondés.

Les cours, par cette culture de l'esprit des travailleurs, les grandiront à leurs propres yeux et les rendront, par ces mille avantages de la science en général, supérieurs à ces demi-ouvriers qui n'ont du talent et du génie qu'au cabaret.

Les cours professionnels, organisés comme ils le furent dès le début, ont déjà suffisamment prouvé, surabondamment même, que, malgré une installation très sommaire, cette innovation unique en son genre et toute particulière, peut et doit être classée parmi les institutions supérieures et philanthropiques.

Les cours, enfin, par les bienfaits de l'étude, prenant les ouvriers d'abord enfants, ensuite adultes, donneront à la société des hommes qui, plus instruits et plus éclairés par conséquent, seront plus à même de comprendre ce que la science a de puissance pour transformer d'une façon sûre et certaine les vues que l'ignorance couvre d'un voile si épais et si noir que l'on peut en dire avec raison : l'ignorance est la nuit de l'humanité.

Sus donc à l'ignorance, comme j'ai déjà dit sus à l'erreur du problème social. Ouvertement, il faut combattre cette indifférence qui empoisonne, mine et ronge malheureusement trop les hommes. Nous avons découvert un horizon nouveau.

Nous avons trouvé la solution d'un de ces mille problèmes de la société ; nous avons senti qu'elle ne pouvait exister plus longtemps cette apathique insouciance du beau, du bon, du vrai.

Il fallait une réaction énergique, il fallait réveiller chez beaucoup des ouvriers de notre bel art de construire, ces qualités éminentes qui ne sont qu'endormies, que nous possédons tous à un degré plus ou moins élevé.

Ces qualités qui font de nos ouvriers français les premiers ouvriers du monde, les plus adroits, les plus subtils et surtout les plus intelligents, ces qualités, nos ouvriers les possèdent, et, depuis quelque dix ans, elle les ont fait rechercher par les pays voisins de nos frontières. Ces ouvriers, choisis parmi les meilleurs, ont, sans se douter de leur antipatriotisme, porté chez nos voisins nos idées, notre talent, le miel de notre industrie française en général. Ils ont fait des élèves qui les ont supplantés dès qu'ils ont pu les imiter. Malgré ces faits, qui ont permis à l'industrie étrangère de nous faire une concurrence déloyale sur nos propres marchés, ne songeons, nous autres ouvriers, qu'à combattre par l'étude et par l'intelligence, cette générosité dans tout, qui caractérise si bien la France et ses enfants.

Devenons tous des savants et même des artistes, distinguons-nous à tous propos, en toute occasion ; aujourd'hui que cela est possible, le plus obscur des ouvriers peut devenir un homme compétent et par ce fait devenir plus indépendant.

L'instruction d'un peuple fait sa force, quand tout au contraire l'ignorance fait et accuse sa faiblesse.

Soyons donc un peuple instruit avant tout, que la routine disparaisse, cette routine qui fausse le jugement et rapetisse l'homme. Que son nom soit rayé de notre langue, que l'enseignement professionnel brille à tout jamais pour l'avenir en caractères ineffaçables aux frontons de nos monuments; que par nous le travail, cette source de nos plus belles gloires pacifiques, soit porté au pinacle. Que les arts et l'industrie de notre beau pays tant convoité absorbent dans le travail et dans l'étude tout notre amour de la patrie; que le souvenir des guerres disparaisse, que le nom de cette calamité soit oublié, car la guerre rend esclave quand le travail rend libre, et être libre pour tous en travaillant, c'est vivre; autrement, c'est végéter et souffrir.

Le travail, vous le savez tous, c'est la paix; le travail, c'est la concorde; le travail, c'est l'union, c'est la solidarité, c'est tout. Plus on travaille, plus on devient meilleur.

Servons d'exemple, travaillons bien. Efforçons-nous, avec cet esprit d'abnégation que doit posséder l'ouvrier laborieux, d'encourager nos camarades rétifs, involontaires, dans ce moment de rénovation française, car la rénovation par le travail c'est la seule, la vraie et la meilleure qu'il soit possible d'encourager.

Saisissons cette occasion d'un dévouement si beau et d'un succès si complet, dans cette fête du travail, pour affirmer que le présent répond du futur.

Exprimons hautement notre espoir que ce début si brillant soit imité à l'envi par toutes les autres villes. »

Et maintenant est-il possible de résoudre la question sociale par la paix? Que l'on considère les tentatives qui ont été faites et les résultats qui ont été obtenus! Ces preuves seront encore plus claires. On ne peut pas tout faire d'un coup : vous qui travaillez, vous le savez mieux que personne.

Nous sommes convaincus, ouvriers néerlandais, que vous garderez le souvenir de notre visite à l'Exposition qui a lieu dans votre belle et hospitalière capitale, et que vous conviendrez avec nous que les ouvriers français qui ont admiré cette ville n'ont jamais rien fait qui puisse vous inspirer la moindre antipathie pour nous, c'est-à-dire pour la France.

Au nom de la délégation nationale des ouvriers français,
les représentants des ouvriers de Reims, Lyon et
Villefranche.

Nous publions cette protestation dont l'initiative nous est due et qui avait particulièrement pour objet d'indiquer dans quel sens le travailleur français qui veut le progrès et les réformes sociales urgentes à accomplir comprend, disons-nous, cette révolution pacifique des nécessités présentes, par des moyens légaux, par un droit naturel de vivre en travaillant et de concourir dans la mesure de son dévouement, de son intelligence et de son énergie à maintenir dans toute son intégrité le nom français qui veut dire : Humanité, progrès, travail.

Nous voudrions si bien chasser tous ces bruits de révolution violente que nous voudrions même que personne plus que nous n'y fit attention parce que nous voudrions voir revenir la confiance du calme intérieur, parce que trop ont cru à la possibilité, à la réalisation de ces programmes que nous personnellement n'avons pris au sérieux que par la frayeur qu'ils ont pu engendrer chez les peureux et qu'alors que tous ceux-là en ont profité pour réduire leurs dépenses et retenir leurs capitaux, et partant de là, dans l'ensemble l'industrie, le commerce, et le travail aidant menacés par la concurrence ont amené cette crise qui n'a pas l'air de se terminer et dont nous attendons anxieusement la fin.

Cette protestation avait donc bien sa raison d'être reproduite dans cette publication. Elle prouvera que non-seulement la délégation française n'a pas donné dans ces errements, qu'on avait voulu l'entraîner, et qu'il soit bien établi que la délégation rémoise particulièrement est fière d'avoir été la première à saisir cette occasion d'affirmer sa sympathie aux ouvriers hollandais et d'Amsterdam et que la première elle eût regretté pour le nom français d'avoir quitté ce pays en laissant après elle des doutes sur l'esprit de la délégation de l'industrie française à l'Exposition néerlandaise.

Aussi, s'il appartient aux ouvriers de prouver le bon esprit d'ordre qui règne dans l'ensemble de la classe ouvrière, il appartient également à ceux qui nous dirigent de s'inspirer du calme vraiment digne avec lequel on supporte si difficilement le poids considérable d'une crise générale comme celle qui sévit si durement depuis déjà trop longtemps; aussi, nous comptons bien qu'avec l'année qui s'ouvre va recommencer le travail, que l'industrie et le commerce, déjà si éprouvés, ont puisé dans ce repos tout le fruit d'études approfondies sur les moyens à prendre pour leur rendre l'extension perdue ou atteinte par le chômage.

Nos gouvernants, nos administrateurs, enfin, tous ceux qui, par leur situation, sont en tête des administrations et président pour ainsi dire aux destinées nationales doivent concentrer tous leurs efforts, leur dévouement et leur grande habitude des affaires à ramener dans son état normal l'équilibre du commerce français en rapport avec les exigences intérieures.

La vie est dure pour qui subit même plus que le chômage, et il n'est pas sans un grand intérêt national de faire plus que le possible pour qu'avec les rigueurs de l'hiver la grande masse ouvrière voie se rouvrir les grands travaux qui sont comme le prélude d'activité de toutes les industries et du commerce à la fois. Ceux qui comme nous vivent dans ce milieu de notre classe ouvrière, voient et entendent tant de choses qui méritent qu'on y fasse attention, car les nécessités de la vie font changer si facilement le jugement que l'on s'était fait lorsque le travail suffisait, qu'il est de toute justice pour permettre d'attendre plus facilement la reprise des affaires de la part de toutes les municipalités, de toutes les administrations qui peuvent dépenser, de faire travailler, de créer des travaux, il y a tant de choses urgentes à faire, à établir, à construire, que nous sommes certains d'une chose, que si Paris commence le métropolitain et l'exposition de 1889, cela déjà rendra la vie au travail, donnera l'élan à toutes les autres villes, alors nous disons que toutes les principales grandes villes telles que Reims (pour ne citer que la ville) doit s'inspirer de ce mouvement qui commence à se produire et hâter l'exécution des travaux prévus depuis déjà si longtemps pour ainsi provoquer dans l'industrie locale l'ébranlement de la marche du travail et ainsi la reprise des affaires.

Nos vœux, on le sait, sont simples et droits et la défense des intérêts de notre industrie nous trouvera toujours prêts à quelque sacrifice de nous-mêmes, parce que nous savons que du travail dépend la prospérité du commerce et par ainsi plus de bien-être général.

Puis enfin, nous croyons que nos députés, par une discipline nationale, vont suspendre les hostilités de partis qui les divisent au point de vue politique et que sur l'intérêt général de notre pays, de notre belle France, ils sauront s'entendre pour prévenir de plus graves conséquences résultant de la situation critique actuelle qui s'est affirmée dans toutes les branches de l'industrie et du travail national.

Nous avons confiance dans leur patriotisme, dans leur haute appréciation des cas si pressants et si actuels. Nous ne faisons point de politique et nous nous défendons de faire aucune allusion qui pourrait rendre susceptible de croire que nous avons l'intention d'établir que nous nous exprimons en faveur d'une masse quelconque, non, nous ne le pouvons pas, nos sentiments personnels s'effacent devant l'ensemble des éléments ouvriers que nous représentons et pour qui nous nous efforçons de bien défendre les intérêts, par notre dire et surtout sans intention de froisser qui que ce soit. Mais nous pensons avec raison qu'il vaut mieux prévenir que d'être obligé de guérir. La France ne sera jamais trop grande, trop belle et trop forte.

———— ⚓ ————

Origines de la Délégation

Pour remplir notre mission entièrement, nous nous sommes plu à mettre sous les yeux du lecteur les formalités que nous avons dû remplir, pour bien établir que notre mandat était très régulier, et que nous n'avons rien fait pour évincer qui que ce soit, ce à quoi nous n'aurions jamais pensé. Nous nous sommes bornés à faire notre demande d'après la circulaire ministérielle au ministère même pour obtenir le crédit qui a permis à M. Louis Brouillaud d'être délégué de l'Etat et à la mairie de Reims pour les deux délégués désignés par notre syndicat pour le crédit de la ville.

Voilà tout le secret de la chose; c'est que nous avons été

les premiers et que l'importance de notre industrie mérite bien la peine qu'on nous ait accordé ce que nous avons demandé.

D'ailleurs, la marche suivie est simple, on peut le voir.

Exposition Universelle d'Amsterdam

ENVOI DE DÉLÉGATIONS OUVRIÈRES

Le Maire de Reims s'empresse de porter à la connaissance des intéressés la dépêche suivante que vient de lui adresser M. le Ministre du Commerce.

MINISTÈRE
DU
COMMERCE

—

CABINET
DU
MINISTRE

—

Paris, le 11 Août 1883.

A *Monsieur le Maire de Reims,*

Monsieur le Maire,

Vous avez bien voulu appeler mon attention sur l'utilité qu'il y aurait pour l'industrie rémoise à être largement représentée dans les délégations ouvrières envoyées à l'Exposition d'Amsterdam et sur la nécessité de comprendre la ville de Reims dans la répartition du crédit pour une somme proportionnée à son importance industrielle et commerciale.

Je vous prierai, Monsieur le Maire, de vouloir bien me faire adresser, dans le plus bref délai, par l'intermédiaire de M. le Préfet de la Marne, les propositions qui pourraient être faites par les Chambres syndicales de Reims, en indiquant le nom et la profession des délégués et en mentionnant s'ils ont déjà fait partie de délégations ouvrières.

Je désire, en outre, savoir si la Municipalité ou les Syndicats de votre ville n'ont pas déjà désigné des délégués devant se rendre à leurs frais à Amsterdam. Dans ce cas, je vous serai obligé de me faire connaître le nom et la profession de ces délégués.

Recevez, Monsieur le Maire, l'assurance de ma considération distinguée.

Le Ministre du Conseil,
Signé : CHARLES HÉRISSON.

Demande au Maire de Reims

CHAMBRE SYNDICALE DES OUVRIERS EN BATIMENT
DE LA VILLE DE REIMS

A Monsieur le Maire,

Nous avons l'honneur, Monsieur le Maire, au nom de notre Syndicat des ouvriers du Bâtiment, de vous prier de vouloir bien accorder le crédit nécessaire pour couvrir les frais de l'envoi d'une délégation de deux Membres désignés pour visiter l'exposition d'Amsterdam.

Nos droits nous semblent acquis, Monsieur le Maire, en raison du dévouement que nous avons toujours apporté, d'abord dans la création des cours publics destinés à l'industrie du Bâtiment ; ensuite dans l'intérêt si grand qui s'attache à une industrie aussi importante que l'est celle de l'industrie du Bâtiment et de tout ce qui s'y rattache.

La délégation se conformera aux prescriptions qui lui seront indiquées et s'efforcera de maintenir à sa hauteur voulue le prestige de l'ouvrier français, en se conformant au programme tracé par l'Etat, de concert avec l'Union syndicale des Chambres ouvrières de France.

Agréez, Monsieur le Maire, l'assurance de notre entier dévouement au mandat qui nous sera confié pour la Chambre syndicale des ouvriers en bâtiment.

Le Rapporteur,
J. LEPAGE-MARTIN.

Reims, 9 Avril 1883.

MAIRIE

DE REIMS

CABINET DU MAIRE

Reims, le 22 Août 1883.

A Monsieur Lepage, rue Clovis, 3.

Monsieur,

J'ai l'honneur de vous informer que l'Administration municipale vous a définitivement désigné comme délégué de la Ville à l'Exposition d'Amsterdam avec Monsieur Dardennes Louis. Conformément à la délibération du Conseil municipal du 10 courant, une subvention de cinq cents francs sera allouée à chacun de vous ; de votre côté, vous devez faire un rapport sur votre visite à l'Exposition.

Par la lettre de ce jour, je transmets à M. le Ministre, en l'appuyant d'un avis favorable, votre proposition relative à l'envoi de Monsieur Brouillaud Louis, comme délégué aux frais de l'Etat.

Agréez, Monsieur, l'assurance de ma considération très distinguée.

Le Maire,
O. DOYEN.

CONSEIL MUNICIPAL

Exposition Universelle d'Amsterdam
Envoi de Délégations Ouvrières.

M. LE MAIRE rappelle que, dans la séance du 30 avril dernier, le Conseil a reçu communication d'une demande de subvention adressée par la Chambre syndicale des ouvriers en bâtiment en vue d'envoyer des délégués à l'Exposition universelle d'Amsterdam et que l'étude de cette affaire a été ajournée jusqu'au moment où l'on connaîtrait les demandes analogues qui pouvaient se produire.

Depuis lors, le Parlement a voté dans le même but une somme de 50.000 fr., dont la répartition va se faire incessamment; de plus, la fin de l'Exposition approche; on ne saurait donc différer davantage la décision à prendre, bien que l'Administration n'ait reçu aucune autre demande.

Lors de la dernière Exposition universelle de Paris, la ville de Reims a contribué pour une somme importante à l'envoi de délégations, à l'impression des rapports des délégués et à l'exposition collective.

D'un autre côté, il s'agit aujourd'hui d'un voyage à l'étranger, dans une cité où la langue française n'est pas la langue usuelle.

Spécialement en ce qui concerne l'industrie du bâtiment, ce voyage pourrait être encore plus utile si les délégués visitaient, en passant, les principales villes de Hollande et de Belgique, qui offrent tant de modèles de goût et une si grande variété de constructions curieuses à tous égards. Telle est d'ailleurs l'intention de la délégation du Bâtiment, selon le projet que son rapporteur, M. Lepage, a développé devant l'Administration. Les délégués ne manqueront pas de tirer profit d'un voyage aussi instructif et contribueront à relever chez nous le niveau d'une industrie qui doit, pour ne point péricliter, faire toujours de nouveaux progrès.

M. le Maire pense que, pour déterminer le montant du crédit, il est indispensable de s'inspirer de ces diverses considérations.

M. HENROT propose de fixer le chiffre de la subvention à 2,000 fr., à répartir entre les diverses industries.

M. MARLIER fait remarquer qu'en tout cas, une allocation importante doit être réservée à la Chambre syndicale du Bâtiment comme ayant pris l'initiative de l'envoi d'une délégation, et surtout à raison des services qu'elle a rendus, avec la Chambre syndicale des Entrepreneurs, en instituant des cours gratuits pour les apprentis et en organisant, dès la première année, une brillante exposition des travaux des élèves.

M. LE MAIRE, en appuyant l'observation de M. Marlier, dit, qu'en effet, l'Union syndicale du Bâtiment a fait, pour l'organisation de ses cours d'apprentis et de sa remarquable exposition, de très louables efforts, dont il convient de tenir compte dans la circonstance actuelle.

M. Lagrive estime que la somme proposée est très considérable, comparativement à celle que l'État met à la disposition des délégations de la France entière, et qu'elle doit suffire, avec le subside du Gouvernement, pour permettre aux principales industries rémoises d'être largement représentées.

M. Poulain dit que les rapports faits par les délégués ouvriers à l'occasion de l'Exposition de 1878 présentaient un très vif intérêt et ont certainement contribué au développement industriel de la Cité. Il conviendrait d'imposer aux délégations subventionnées l'obligation de faire également des rapports permettant d'apprécier les résultats de leur excursion.

Après un échange d'observations entre MM. Damide, Appert et M. le Maire, le Conseil ouvre au budget supplémentaire de 1883 un crédit de 2,000 francs, dont la répartition sera faite par l'Administration, étant entendu que chaque délégation subventionnée présentera une étude sur les résultats de sa visite à l'exposition d'Amsterdam.

Ceci établi suffit, nous pensons, pour calmer ceux qui prennent plaisir à tout trouver mauvais ce qui n'est pas d'eux.

On voit donc que tout s'est passé d'une façon droite et légale.

Hommages et remerciements à MM. Chalain et Gruhier, rapporteurs généraux, à M. le Maire de Reims et au Conseil municipal.

Je dois rendre hommage à Messieurs Louis Chalain et Charles Gruhier, les rapporteurs généraux, d'avoir distingué mon rapport parmi tant d'autres qui, comme le mien, ont trait à l'Exposition d'Amsterdam. Je veux aussi remercier dans la personne de M. le docteur Henrot, maire de Reims, le Conseil municipal qui, par une allocation libéralement accordée, m'a permis, d'après les vœux des deux éminents rapporteurs généraux, de mettre en lumière le modeste travail qui va suivre, qui n'est en réalité que le fruit d'un labeur hâtif et pour lequel je ne puis que réclamer toute l'indulgence possible du lecteur.

En effet, quoique l'importance du rapport qui va suivre soit peut-être un peu grande pour un travail de ce genre, je

prie ceux qui me liront de m'accorder la patience de le lire
tout entier. Et pour encourager à me donner toute l'attention que j'ose demander, je fais suivre cette préface des sincères et quoique flatteuses réflexions des deux rapporteurs
généraux qui ont, dans ces quelques lignes, jugé et si bien
apprécié, par ce qui va suivre.

« *Nous allons donner* presque *in extenso*, la conclusion de ce
» remarquable travail en exprimant vivement l'espoir que le Conseil
» municipal de la Ville de Reims en facilitera la publication à son
» auteur. Il serait profondément regrettable que cette œuvre ne fût
» pas imprimée et livrée aux méditations et au jugement du public. »

Cette conclusion sur le rapport de la délégation à l'Exposition universelle internationale d'Amsterdam fait tout particulièrement honneur à ceux qui en sont l'objet, et nous les
remercions vivement de ce témoignage public rendu à nos
efforts.

Nous croyons devoir reproduire, pour faire suite à la
conclusion de MM. Chalain et Gruhier, les appréciations de
M. A. Maurice, publiées dans l'*Indépendant rémois*.

Dans notre numéro du 8 décembre, nous avons publié une adresse
des ouvriers français aux ouvriers d'Amsterdam. Ce document est
une œuvre collective des représentants des ouvriers de Reims, Lyon
et Villefranche, parlant au nom de la délégation nationale des ouvriers français. On aura remarqué les sages avis que contient cette
adresse, l'esprit d'ordre qui y règne, les consolants espoirs pour
l'avenir qui s'y font jour. C'est bien l'expression des sentiments qui
animent la très grande majorité de nos travailleurs. L'agitation mal-
saine créée par les rares adeptes du socialisme révolutionnaire, n'a
jamais pénétré la masse ouvrière, elle travaille et s'avance sans
soubresauts comme sans recul, dans la voie du progrès et reste en
dehors de ce mouvement aussi dangereux pour l'ouvrier que nuisible
à ses intérêts véritables. L'adresse des ouvriers français fait ressortir
avec une force et une autorité merveilleuses cette grande vérité.

Depuis l'époque à laquelle nous avons publié ce document, nous
avons eu communication du Rapport de la délégation ouvrière du
bâtiment de Reims à Amsterdam. Cet autre travail, spécial à une
industrie, est signé de MM. Lepage-Martin, dessinateur-appareilleur, professeur des cours de l'*Union syndicale*, rapporteur de la
Chambre syndicale des ouvriers en bâtiment et de la délégation
française ; Dardenne, conseiller prud'homme, secrétaire de la
Chambre syndicale des ouvriers en bâtiment ; Louis Brouillaud,
maçon, conseiller prud'homme, conseiller de la Chambre syndicale.

Ce rapport, adressé à M. O. Doyen, maire de Reims, ne contient pas moins de 174 pages. Il figurera dans les documents officiels que le ministre va publier, mais par son étendue et la quantité des matières diverses qu'il traite, il rend impossible à un journal l'analyse même succincte des points qu'il expose avec une grande compétence.

Messieurs les délégués ont pris à cœur leur mission. Investis d'un mandat très étendu, ils n'ont pas reculé devant la tâche. Ils ont étudié, décrit et commenté tout ce qui leur passait sous les yeux. Ils arrivent en Hollande, et en quelques pages concises ils font l'histoire politique du pays et jettent un coup d'œil sur sa topographie. Ce qui les frappe, c'est le travail de géant qui a transformé cette contrée marécageuse en prairies fertiles : l'immensité de l'entreprise du percement de l'isthme de Rillanden, les travaux du golfe de l'Y et du Zuiderzée à la mer du Nord. Ils décrivent l'activité, la vie, le commerce qui règnent sur ce canal.

Rien n'échappe à leurs investigations : statuts économiques, industriels, professionnels, politiques et sociaux sont tour à tour l'objet de leurs remarques. Ils exposent et comparent les conditions du travail dans les deux pays, mettant en parallèle la France et la Hollande.

Au cours de leur narration, nous pouvons apprécier le jugement qu'ils portent sur l'instruction publique, la charité et les hôpitaux à Amsterdam. Ils comparent aux nôtres les prix des logements d'ouvriers, l'état des institutions coopératives, la situation des sociétés mutuelles.

Puis, entrant en plein cœur de leur sujet, ils étudient les conditions de l'apprentissage, le travail des femmes, notant le prix des denrées alimentaires, établissant le budget de l'ouvrier hollandais en regard de celui de l'ouvrier français, et après avoir butiné cette masse d'informations sur les choses extérieures, ils passent le seuil de l'Exposition qu'ils parcourent et fouillent dans tous ses détails.

Ce court épitome de ce travail consciencieux indique bien que l'analyse en est impossible en un article de journal, il faudrait y consacrer le temps et l'espace accordés à une Revue.

Mais s'il nous est impossible de suivre pas à pas le rapport des trois délégués du bâtiment, mis en ordre et dressé par M. Lepage, il n'en est pas moins resté à la lecture une impression très vive.

Ce travail qui est un volume est conçu dans le meilleur esprit, écrit de façon très lucide avec une simplicité qui n'est pas sans charme. Il contient un ensemble de faits pris sur nature, il forme une page statistique qui ne sera pas sans utilité, et fait le plus grand éloge des délégués qui ont mené à bien ce travail de longue haleine.

Si le mérite de ce document était tout dans l'accumulation des faits observés il ne serait pas complet, il y manquerait une sanction. Elle se dégage à la fin du volume, lorsqu'après avoir parcouru et examiné en détail et décrit les divers pavillons de l'Exposition, MM. les délégués arrivent à la conclusion. Là, ils rencontrent la concurrence allemande et ses conséquences. Les réflexions que leur inspire ce danger actuel pour notre commerce et pour son avenir, sont exposées avec une parfaite bonne foi et une grande sincérité.

Ce sont des pages typiques auxquelles nous nous reprocherions de rien changer, même dans la forme, et que nous nous réservons de faire passer sous les yeux de nos lecteurs.

Nous sommes convaincu que le remarquable rapport de nos délégués ne passera pas inaperçu et qu'il sera en haut lieu l'objet d'un examen qui portera ses fruits. Il sera certainement distingué au milieu de tant de travaux similaires auxquels l'Exposition d'Amsterdam a servi d'objectif et que le gouvernement a confiés aux syndicats d'ouvriers représentant toute l'industrie française.

A. MAURICE.

Les judicieuses réflexions de M. Abel Maurice que l'on vient de lire m'avaient déjà fait penser que sa grande expérience de juger les choses était exprimée sans flatterie dans cet écrit. Aussi c'est pour rendre hommage à ses appréciations si exactes dans les conclusions de son article, que j'ai tenu à ce que la reproduction littérale figurât dans cette publication qui est la preuve de la justesse des observations qu'il a faites par la lecture du manuscrit duquel il présagea qu'il serait l'objet d'un examen qui, aujourd'hui, a porté ses fruits et pour lesquels je le prie d'agréer mes sincères hommages.

Reims, le 6 Février 1886.

J. LEPAGE-MARTIN.
Rue Clovis, 1.

CHAMBRE SYNDICALE DES OUVRIERS EN BATIMENT
DE LA VILLE DE REIMS

RAPPORT

DE LA DÉLÉGATION

DE L'INDUSTRIE DU BATIMENT

A L'EXPOSITION UNIVERSELLE D'AMSTERDAM EN 1883

*A Monsieur le Dr O. DOYEN, Chevalier de la Légion d'Honneur,
Maire de Reims.*

Les délégués à l'Exposition d'Amsterdam (Hollande) viennent Monsieur le Maire, vous remercier de leur avoir fourni les moyens de visiter, en même temps que l'Exposition, une partie de la Belgique et de la Hollande, pays si intéressants, au point de vue de l'art de la construction, notre belle industrie.

Par les beautés monumentales et artistiques que nous avons admirées, ces deux pays rappellent tant et de si près, par le style, par l'élégance unie à la force et à la solidité, les qualités maitresses de notre grand art de construire, ainsi que notre belle architecture française.

Cet art universellement connu de tous les peuples, où chaque pays, selon le climat, dans un genre plus ou moins particulier, affirme par le grandiose de ses monuments et édifices ainsi que par ses habitations, ce que ces peuples sont ou veulent être.

Le style est inhérent au peuple et au pays, comme le climat l'est lui-même au sol.

Tout se rapproche et se confond, aussi il n'est pas jusqu'aux mœurs, qui ne se trouvent sculptées et peintes, par le cachet et l'originalité de l'architecture de ces pays, de ces nations, plus ou moins barbares, plus ou moins civilisées.

Nous avons eu l'extrême satisfaction, Monsieur le Maire, Messieurs les Conseillers municipaux de la ville de Reims, de pouvoir apprécier la sympathie que le peuple hollandais professe pour notre belle patrie. Nous n'en voulons pour preuve que ceux des bourgeois d'Amsterdam, chez qui nous avons été visiter les établissements, les ateliers et les chantiers et chez qui, seule, notre qualité de Français, d'ouvriers, nous faisait ouvrir les portes toutes grandes. Cette marque d'estime pour des Français à l'étranger, est d'autant plus douce pour nous que les portes s'ouvraient, non-seulement où nous demandions à entrer, mais avec ces réflexions dès que nous avions annoncé le but de notre visite : Vous êtes des Français ? entrez et voyez, visitez, car si vous aviez été des Allemands, nous vous eussions refusé, et même de vous entendre.

Devant cette haute affection pour la France à l'étranger, nous nous inclinons et vous remercions encore, au nom de tous les ouvriers que nous représentons dans notre complexe industrie du bâtiment. Car c'est que pour nous, ouvriers délégués, les sympathiques accueils qui nous furent faits nous honorent beaucoup et prouvent aussi combien on tient en estime les ouvriers français qui vont par hasard travailler dans ces pays lointains.

On les apprécie beaucoup, on les considère pour de bons ouvriers, et leur caractère gai, leur courage à la besogne, leur dextérité à l'ouvrage, dans quelqu'industrie que ce soit, porte l'ouvrier français au-dessus des ouvriers du pays, en raison du travail qu'ils accomplissent supérieurement aux ouvriers nationaux, par la quantité exécutée avec la même matière, et surtout dans un laps de temps plus court. Ils sont généralement payés presque moitié en plus que les ouvriers de ces localités : et c'est précisément ce qui prouve le contraire pour les ouvriers étrangers, attendu que nos ouvriers sont également supérieurs dans leur patrie qu'ils le sont en dehors.

Aussi ces considérations, qu'on fit valoir à nos questions, se confirment-elles par les ouvriers de notre industrie, que nous avons également questionnés concernant le travail dans toutes ses phases. Nous sommes donc certains que si la France a des ennemis, elle a aussi des amis parmi les Hollandais, qui admirent nos progrès continuels, surtout nos succès en tous genres.

Ils constatent nos victoires pacifiques de l'industrie et des arts et de la science, comme loyalement et légalement acquises par une supériorité incontestable. Aussi c'est que pour nous, délégués ouvriers, visitant une patrie qui n'était pas la nôtre nous comptions bien y trouver, tenant la dominante, ce sentiment de justesse et de justice qui anime vis-à-vis de nous nos camarades désormais, les ouvriers, la Hollande libre ! qui tient à la France par une affinité très grande de mœurs et de tempérament.

Le drapeau hollandais, si semblable au nôtre, suffit déjà pour provoquer de notre part cette franche amitié pour ce peuple intelligent et travailleur, qui comme nous se sent envahi par l'Allemand, qui tend à implanter dans ce pays avec ses mœurs, ses habitudes, et ainsi germaniser ce petit coin de l'Europe tant convoité de lui.

Notre rapport collectif, Monsieur le Maire, ne sera peut-être pas écrit dans l'ordre de notre séjour et de nos visites, mais nous tâcherons, quoique sa longueur soit peut-être importante, nous n'en ferons pas moins passer nos impressions avec la même justesse qu'autrement.

Origines de l'Exposition internationale d'Amsterdam. — Considérations sur la Hollande. — Aussi nous commençons par dire que l'Exposition internationale d'Amsterdam n'est due qu'à l'initiative privée. Initiative née d'un Français, M. Edouard Agostini, un Français de trente-trois ans, qui sans autre encouragement que sa compétence, parvint, il y a trois ans, à arrêter définitivement ce que serait l'importance de cette Exposition des Pays-Bas.

Projet aussi vaste que complet de réunir dans une des capitales de la Néerlande tout ce qu'il était possible de réunir d'éléments de toutes sortes marquant la route si grande et si large du commerce, de l'industrie, des beaux-arts, de la science et de la civilisation.

Sublime œuvre de progrès ! Sublime œuvre de l'intelligence humaine ! pour sortir du néant tant de merveilles, tant de choses si utiles à notre nécessiteuse humanité. Elles ont bien leurs raisons d'être, ces expositions, champs-clos des luttes de la science et du travail, où se livrent pacifiquement ces batailles du progrès. Là au moins pas de sang répandu, chaque pays apporte tout ce qui peut faire sa gloire et sa grandeur.

Depuis les peuples les mieux civilisés jusqu'à ceux pour qui la civilisation n'a pu encore développer complétement le germe de la science et de l'industrie, se donnent rendez-vous dans ces arènes de la paix.

Qu'elles sont grandes, ces idées ! qui ont présidé à l'innovation de semblable concours, où est exclu tout sentiment autre que celui d'être utile au monde entier.

Et vous, les premiers qui avez trouvé ces moyens de mettre en présence dans ces vastes enceintes, qu'on appelle expositions, les produits de tous les peuples de la terre, vous avez plus fait pour la prospérité et la grandeur de ces peuples, que les plus grands capitaines depuis les temps les plus reculés jusqu'à nos jours n'ont fait, eux, pour la gloire des nations.

Votre rôle est sublime quand le leur n'est que beau.

Vous créez des hommes, vous les faites grands par l'industrie, la science et le travail. Vous enfantez des génies, vous faites accomplir des prodiges.

Aussi, avec quelle admiration, avec quelle attention les propagateurs de ces expositions merveilleuses vous écoutent-ils lorsque vous développez ces idées grandioses des luttes pacifiques et sociales qui viennent ainsi affirmer hautement et résolument que ce sont là désormais les seuls et vrais combats que les peuples maintenant devraient avoir à supporter.

Les expositions semblent de plus en plus éloigner ces idées belliqueuses qui font le désespoir et le malheur des nations ; ne voit-on pas en caractères immenses, l'histoire des peuples inscrite sur les frontons des monuments, témoignage de paix et de calme, que nous retrouvons par âges et attestant par époques que d'un âge à un autre, il y a eu comme un élan et un besoin de mieux faire, plus beau, plus grand, plus complet encore que ce qui existait déjà. Ces élans de perfectionnement des arts en général, ne sont-ils pas des preuves indestructibles que les siècles respectent, que les peuples ont puisé dans une paix profonde de trop courte durée, c'est vrai, ces sentiments de progrès, qui marquent comme par étapes les besoins de se grandir à leurs propres yeux et de hâter leur affranchissement par la culture et le développement de l'intelligence humaine, qui produisit tout et ces chefs-d'œuvre sans nombre que nos yeux ne se lassent pas d'admirer.

Et la Hollande est précisément un de ces pays privilégiés où tant de preuves sont là debout, imposant le respect et l'admiration à tous. Car quels efforts, quelle somme d'énergie, de vouloir, il a fallu à ce peuple courageux, pour se constituer d'abord le sol, qui, peu propre à la culture, est cependant un pays de production. Il a certainement fallu que le travail le plus ingrat fût fait, pour arriver à élever sur cet emplacement de la mer des villes aussi importantes. Ce travail ingrat qui fut de donner des bornes à la mer, par des moyens aussi simples qu'utiles, est donc une œuvre de génie. Quelle persévérance ne faut-il pas avoir eu, pour vider et assainir ces immenses polders, ces marécages, aujourd'hui bien protégés par de grandes digues et qui mettent la Hollande entière à l'abri d'un ennemi naturel : la mer ! Aussi, pour posséder cette conquête du sol et pour la conserver, des auxiliaires puissants, des milliers de moulins à vent font mouvoir des pompes qui élèvent les eaux naturelles du sol et déversent ces eaux dans des canaux de dérivation, qui se jettent dans des canaux plus grands, qui en même temps servent à la navigation ordinaire du pays. Eh bien ! c'est devant une tâche aussi ingrate pour l'homme que nous sommes remplis d'admiration pour l'intelligence et le génie qu'il a fallu déployer pour vaincre d'aussi grandes difficultés.

Nous avons visité sur tout son parcours le canal qui relie la mer du Nord avec le golfe du Zuiderzée : nous avons donc pu voir de près quelle est l'importance de ces travaux gigantesques, immenses, nous avons donc côtoyé ces polders transformés en prairies fertiles, où des milliers de bêtes à cornes paissent l'herbe si belle de ces anciens marais.

Cet isthme fut percé des années 1865 à 1876, pendant laquelle il fut livré à la navigation. Ce travail de géant de creuser à travers ce sol filtrant comme celui de ces polders assainis de la Hollande du Nord, ce canal aux proportions si vastes qui sert de voie aux navires du plus fort tonnage et qui, maintenant, sépare en deux parties les rietlanden ou terres des roseaux dont le niveau, en moyenne, est de deux ou trois mètres au-dessous du niveau de l'eau du canal et de la mer. Nous sommes restés stupéfaits devant la conséquence de ce grand travail exécuté en onze ans. Ce canal n'a pas été construit seul ; ce sont les ponts qu'il a fallu construire pour rendre la communication facile entre cette île aujourd'hui que la Hollande septentrionale et le continent, les écluses qui communiquent avec la mer et enfin le port et ses jetées nord et ouest qui s'avancent de deux kilomètres en mer.

Que d'obstacles à vaincre, que de travaux de résistance il a fallu faire pour maintenir un poids d'eau aussi considérable que celui du golfe de l'Y et du Zuiderzée, pour exécuter à sec à plus de quinze mètres de profondeur les terrassements du chenal. Les difficultés naissent à chaque pas ; et nous qui avons exécuté et vu exécuter des travaux de ce genre, nous savons ce qu'il est de travaux, de précautions à prévoir et à construire pour arriver au but d'un aussi grand travail.

Par ce canal, par cet isthme, percé aujourd'hui, nous nous faisons bien maintenant une juste idée des travaux du canal de Suez et de Panama, qui sont plus importants.

Ce canal d'Amsterdam à la mer du Nord a vingt-quatre kilomètres de longueur ; son parcours est gai, la vue splendide, des villages, des ponts, des ports, des canaux nombreux viennent se ramifier à lui. Plusieurs petites villes que l'on aperçoit au loin et parmi lesquelles Zaandam, célèbre par le séjour de Pierre Ier, empereur de Russie, alors compagnon charpentier. Le mouvement de ce canal est très animé par les bateaux à vapeur, à voiles, les navires ; des embarcations de tous genres vous montrent une forêt de mâts allant et venant qui n'est pas sans charme. Enfin la vie du travail y règne avec une vive intensité, telle que toutes ces voiles et ces panaches de fumée, de vapeur vous plaisent et vous font oublier un instant que nous sommes venus visiter pour nous instruire et non pour rêver si loin de la France.

Aussi disons-nous, malgré ces désavantages du sol, malgré ce travail incessant, malgré ces luttes perpétuelles contre l'élément liquide : la Hollande, depuis longtemps déjà, a su grandir et tellement que, quoique n'ayant pas tous les matériaux que nous avons à notre disposition, elle a des monuments qui sont déjà bien dignes d'elle, où l'art par excellence a jeté à profusion tout ce qui est beau, tout ce qui est admirable. Car nous avons visité et admiré ses nombreux édifices et monuments, et avons consigné tout ce qui a pu davantage exciter notre enthousiasme.

Ses palais, ses musées, enfin ses monuments, soit civils ou religieux, commerciaux ou particuliers, n'ont pas échappé à nos yeux. Ses anciens et ses modernes ont un cachet, un genre bien particulier, tout à fait distinct les uns des autres.

On sent, on voit et l'on comprend qu'un souffle de grand génie a passé sur la Hollande entière. Ce pays aux beaux pâturages d'un vert tout particulier, aux horizons sans fin à perte de vue, ce pays de grands maitres de la peinture hollandaise dont les innombrables et inimitables chefs-d'œuvre peuplent les musées nombreux, et dont le Hollandais est si fier et à juste titre.

Ce pays qui vit naitre Rembrandt et Gérard Dow, Van der Helst, Van der Doës, Thibaud Begter, Ferdinand Bol, Berchem, Cuyps, Van Ostade, Jean Stoop, Van de Velde, Miéris, Pol Potter, Vourworsman, Karel-Dujardin, Gabriel Metzu, Salomon Ruysdaël, Terburg, Metzu ainé, Teniers jeune et ainé, etc., etc., dont nous avons, heureux mortels, admiré les fines et délicates peintures, ainsi que l'immortelle *Ronde de Nuit* de Rembrandt, le roi du clair-obscur.

Visite à l'Hôtel-de-Ville. — Le Palais du Dam. — Pour les Amsterdamois, quelle fierté pour eux de vous désigner les merveilles de ce pays original.

D'abord le palais du Dam, palais depuis 1808, vaste parallélogramme de quatre-vingts mètres sur soixante-cinq mètres, d'une hauteur d'environ trente mètres, sans compter les combles et le campanile (1). Ce monument, ancien Hôtel-de-Ville, datant du commencement du règne de Louis XIV, par conséquent du XVIIe siècle, se recommande par la beauté de son style, de ses proportions, de ses grandes lignes engendrées par la superposition des deux ordres corinthien et composite, dont les antes forment vingt-quatre divisions régulières dans le sens des longeurs des façades nord et est.

« Nous avons désigné le règne de Louis XIV pour fixer une » époque plus connue par notre histoire, qui se rattache beau» coup, par les guerres, avec l'histoire de la Hollande, à laquelle

----

(1) Haut de 29 mètres au-dessus du sommet des combles.

» Louis XIV déclara la guerre, parce que la République des
» Pays-Bas portait ombrage, par sa prospérité, au caractère
» ombrageux du grand roi. Elle possédait alors comme puis-
» sance maritime seize mille navires, comme le disent les chro-
» niques du temps, quand nous n'en possédions que six cents,
» dont la majeure partie pour la pêche. La Hollande, justement
» glorieuse d'avoir reconquis les armes à la main son indépen-
» dance sur les Espagnols, avait atteint un très haut degré de
» prospérité, ce qui la fit accuser de faire de la propagande en
» faveur de ce mode de gouvernement, et inquiéta fort Louis XIV,
» qui fut blessé dans son amour-propre; aussi eux, enivrés de
» leur fortune, ne ménageant pas le roi de France qui ne par-
» lait plus qu'avec mépris de ces marchands qu'il traitait d'usur-
» pateurs, ne pouvant prétendre à diriger les peuples, et traiter
» leurs affaires avec les plus grands monarques de la chré-
» tienté. Les Hollandais s'efforcèrent en vain d'apaiser la colère
» du Roi-Soleil, ayant reconnu leur impuissance de la guerre
» et confiants dans leur soumission, ne firent aucuns prépara-
» tifs de guerre. Louis XIV ne voulut voir dans cette soumis-
» sion qu'une manœuvre servant à exciter l'Europe contre lui,
» s'en servit pour déclarer la Hollande ennemie des monarchies (Histoire de Turenne). »

Puisse cet exemple d'un pays reconnu prospère par les monarchies du temps, servir d'exemple à notre France envers les
monarchies du jour, qui par sa situation et son état actuel, se
trouve absolument dans le même cas.

Ce palais ayant pour ainsi dire deux étages, quoiqu'en réalité il n'ait qu'un rez-de-chaussée et un étage, est disposé dans
ses divisions en grandes et en petites baies, se répétant au-dessus de même qu'en dessous de chacune des deux façades principalement, formant, mais peu saillants, sur l'alignement général des côtés de l'édifice, des pavillons à chaque angle du monument. Au centre de ces façades principales du nord et de
l'est, existe un avant-corps de sept divisions, supporté par sept
arcades formant l'entrée du palais. Sept portes (chiffre choisi,
dit la légende, pour marquer les sept provinces unies qui com-
posent la Néerlande).

Ces avant-corps sont surmontés de chacun un immense fronton dont l'un, au nord, sert d'assise à un Atlas gigantesque en

bronze ou cuivre repoussé portant le Monde. Ce fronton sculpté en haut-relief symbolise le Commerce, et deux des statues représentant la Vigilance et la Tempérance font cortège à Atlas. Le fronton à l'est, tout sculpté en haut-relief également représente la Hollande sous la figure d'une vierge tenant l'olivier à la main, couronnée à l'impériale, entourée de Tritons et de Néréïdes, emblèmes de la situation maritime. Enfin un magnifique campanile surmonte ce palais aux formes régulières et symétriques. Ce monument est construit en pierre de Belgique, des environs de Liége, dont la pierre est assez semblable à celle de Givet, et repose sur 13,659 pilotis.

Quant à l'intérieur, tous les appartements sont revêtus de marbre blanc, sculpté et fouillé avec art et talent, et offre toutes les phases de travail, depuis la taille unie et polie jusqu'aux statues palpitantes de beauté et de nature. D'abord Salomon rendant son premier jugement, Brutus condamnant ses fils, Romus et Romulus, allaités par la louve, Saturne dévorant ses fils, Diane, Vénus, etc. ; puis toujours, ce n'est que trophées, appliques, guirlandes en marbre blanc comme neige, pris à même dans la masse fouillée à plaisir, et dont la description exigerait un volume.

La salle de justice fait aussi notre admiration, transformée en salle de bal, ayant une longueur de trente mètres, vingt de largeur, et dix-huit à vingt mètres de hauteur, reçoit le jour par un grand nombre de fenêtres ; elle possède une galerie de six à sept mètres de haut et de largeur, qui sert pour la distribution des services et des appartements du dessus, se complète par une balustrade en marbre blanc ajouré et complétement ornée de sculptures. Au-dessus de la porte d'entrée, dans des proportions superbes et plus grandes que nature se dresse un groupe principal, véritable monument représentant la ville d'Amsterdam sous la figure d'une déesse assise, tenant dans sa main droite l'olivier de la paix, et dans sa main gauche, le palmier, signe de grandeur, cette magistrale figure est couronnée d'une couronne murale, au-dessus de laquelle un aigle plane, portant un diadème. Un superbe lion, de chaque côté de la déesse, au fond, les groupes des quatre éléments, personnifiés par des statues. Puis les châtiments, la Justice, chargée de chaines et d'instruments ; enfin, couronnant l'œuvre d'une façon merveilleuse, une statue d'Atlas, portant sur ses robustes épaules le Monde, et comme proportions ayant la moitié de celui du fronton Est du palais. Cet Atlas, superbement campé, d'une beauté vraiment imposante, est surprenant de nature et de vie ; cette œuvre de l'art le plus pur de la statuaire hollandaise est signée : Arthur Quellin, et prouve avec autorité que les artistes peintres sont bien soutenus par les maîtres de la sculpture de la même époque, et rivalisent au même point de talent et de créations dans ces grands arts si dignement représentés. Tout n'est que statues mythologiques et autres ; groupes de toutes sortes, symboliques, historiques et artistiques, s'équivalent avec les superbes et rares peintures du plafond et des huit caissons qui décorent avec tant de succès et de charme cette salle qui rappelle partout dans ce palais la puissance du peuple souverain. Disons le plaisir que nous avons éprouvé en voyant, peintes en grisailles, faisant illusion complète de la sculpture en bas-relief, des chérubins jouant dans des feuillages de chêne, produisant un effet magique de lumière et d'ombre d'un rare bonheur de réussite. Cette frise étonnante, cette peinture si sobre, d'un dessin charmant, et signée : Jacob de Witt, est d'autant plus surprenante qu'à côté existe, sculpté en marbre blanc de Carrare, d'un grain de neige, le même dessin de la frise peinte, qui n'est d'ailleurs que la continuation de la sculpture. Elle décore une cheminée monumentale renaissance, et dont la fine grisaille qui reproduit si exactement le relief, vous laisse partir avec cette conviction que la frise entière est sculptée, ou tout entière qu'elle est peinte, tant l'effet est complet et intense. Enfin c'est à regret que nous quittons cet ancien Hôtel-de-Ville, aujourd'hui palais d'un roi deux mois par an.

Nous ne pouvons oublier de mentionner un tombeau que nous avons compris pour être celui de Louis, roi de Hollande, à moins que ce ne fût celui de Guillaume d'Orange, Stathoudher de Hollande qu'on voulut nous dire, nous n'avons pas bien compris l'explication du cicérone, en tous cas, c'est un bloc de dentelles et un monde de statues aussi belles et parfaites que possible à désirer.

Visite au Palais de l'Industrie. — Dans nos excursions à travers la ville, nous avons visité le Palais de l'industrie, sur le Fredericksplein, gigantesque construction en fer et en cristal d'un art bysantin ; ce palais a 126 mètres de long et 80 de large, la hauteur, au sommet d'un superbe dôme couronné d'un génie rappelant assez celui de la colonne de la Bastille de Paris, est de 65 mètres.

Comme effet de perspective, ce monument est magnifique, entouré d'un jardin public, qui lui-même est cerné par de grandes galeries dans le genre des galeries du Louvre et du Palais-Royal.

Visite à la Neuve-Eglise. — Nous avons également visité, près du Palais du Dam, la cathédrale, édifice protestant que l'on appelle la Neuve-Eglise, quoique cependant elle appartienne au XIVe siècle, quelques beaux vitraux de l'époque s'offrent aux regards des amateurs et connaisseurs, d'autres, datant de l'époque de maîtres hollandais, sont d'un genre tout distinct des autres et révèlent complétement le faire si particulier des portraitistes tels que Rembrand et Van der Helst ; c'est-à-dire la grande école.

Nous avons remarqué et admiré un magnifique chef-d'œuvre, le tombeau de l'amiral Ruyter (terreur de l'océan immense), en beau marbre blanc. L'orgue monumental, étonnant de beautés peintes et sculptées dans le marbre, dont les splendides piliers ornés de fins et délicats ornements, de fruits, de fleurs, arabesques gracieuses d'une pureté de dessin et de style indiquant que ce sont des maîtres qui ont apporté leur génie à d'aussi belles conceptions. Les quatre portes peintes du buffet sont dues au magistral pinceau de Jean Bronkhorst, là se révèle l'apogée de son talent. La grille, en cuivre ouvragé, toute ornée de feuillage, à 12 mètres de haut et 20 mètres de large, montre jusqu'à quel point l'art du fondeur et du ciseleur peut aller, quand on apprécie ce travail important et superbe.

Les beaux tombeaux et mausolées de Van Galen, David Sweers, Van Hinsbergen, Bentinck, tous marins intrépides et célèbres, et enfin ceux des poètes Vondel et de da Costa. Egalement le modeste monument d'un jeune héros, officier à bord d'une chaloupe-canonnière qui échoua sur la côte belge, et préféra faire sauter son bateau que de le rendre aux Belges, insurgés le 4 février 1831. La chaire à prêcher est d'un travail supérieurement beau comme architecture, c'est un grand chef-d'œuvre. Et comme exécution un prodige de talent et de hardiesse. L'abat-voix, vrai monument aux proportions colossales, élancées, ayant avec la chaire, d'une hauteur ordinaire, de la base au sommet, de douze à quinze mètres de haut, est impossible à décrire, tant la profusion de détails de lignes savamment combinées offre aux connaisseurs de sérieux sujets d'étude, en même temps que de précieux spécimens du travail du bois. Cette chaire en chêne, d'une valeur inestimable comme art, à notre sens, vaut certainement, quoique d'un autre genre, celles de Bruxelles et d'Anvers, uniques en leurs formes et styles. Celle de cette église. de la renaissance au début, rappelle par sa structure l'art gothique de la fin du xve siècle, si riche en belles lignes savamment conçues et agencées, et qui nous a laissé de si beaux vestiges de travail et d'art.

Visite à l'Eglise d'Ouest. — L'Eglise d'Ouest, sur le Westermarck, où sont soi-disant les restes mortels de l'illustre Rembrandt, n'a de bien rare que sa tour, d'un très bel effet, qui est la plus haute de cette ville d'Amsterdam aux nombreux édifices ; elle a près de quatre-vingt-dix mètres au moins, date du xviie siècle ; nous avons bien regardé sa belle structure architecturale, dont les heureuses proportions rendent hommage à l'architecte de talent qui l'a dessinée. On aperçoit cette tour de bien des points de la ville, qui se mire si bien dans Princen-Gracht, dont elle est voisine. Elle sert de point de repère pour s'orienter, car les innombrables canaux et quais se ressemblent si bien qu'ils vous égarent un peu ; alors, levez les yeux, regardez où est placée la Tour d'Ouest, vous voilà certains d'être parfaitement renseignés ; car sa forme si particulière, et surtout son énorme diadème qui la couronne fort bien, permet qu'on se souvienne dans quel quartier on se trouve, lorsqu'on regarde après elle.

Edifices religieux, description par sectes. — Le nombre des édifices religieux est très grand ; après avoir compté tout ce qui dépasse de la plus haute toiture des maisons, on aperçoit en les distinguant des autres monuments quarante-quatre clochers, tours, etc., offrant aux amateurs d'art les plus ardents, les plus curieux travaux de tous genres, où ils peuvent satisfaire leurs goûts : les ressources ne leur manqueront pas pour leurs études.

Les voilà toutes détaillées par sectes : onze églises du culte réformé, quatre églises chrétiennes réformées, trois luthériennes évangéliques, dix églises protestantes diverses, dix-huit églises catholiques romaines, sans compter huit synagogues, et dans ces nombres, de part et d'autre, nous avons dû en passer.

Les Ecoles, leur description. — Les écoles sont également en nombre important pour les enfants des deux sexes, disséminées partout, traitant depuis l'origine de l'enseignement jusqu'aux arts et métiers ; il y a des écoles professionnelles pour filles et garçons, des écoles de travail manuel, des écoles dramatiques, normales, pour le dessin, de métiers, artistiques, etc., soit un total de 108 écoles, fréquentées par un nombre de 20,240 enfants des deux sexes. Sans compter comme enseignement les écoles de commerce, les écoles supérieures pour filles et garçons, les écoles d'enseignement particulier, les écoles de métiers (théorique et pratique) pour artisans. Des écoles supérieures catholiques, des écoles privées d'associations, l'école Quillinus, un collége, l'université, des colléges particuliers, des séminaires de toutes les sectes au nombre de huit, et l'on aura une idée complète de l'enseignement à Amsterdam, où il est bon de dire que, pour tous les degrés, pour toutes les bourses, pour tous les âges et pour toutes les sectes religieuses est répandue à l'envie, au point de remarquer que dans les rues, on n'aperçoit des enfants qu'avant et après les heures de classe, car pendant les heures d'étude, jamais ou rarement.

Etablissements de charité et Sociétés philanthropiques. — Amsterdam possède avec tous ses nombreux édifices et ses multiples écoles, des hôpitaux très vastes au nombre de huit principaux. Quant aux orphelinats, hospices, asiles ou refuges, nous en trouvons dix-huit d'une part et vingt-six de l'autre, parmi lesquels il y en a de très anciens, datant de 1617 ; depuis 1774, dix-huit furent créés. De nombreuses institutions charitables existent également, citons : la Société d'avancement pour la vaccine, fondée en 1803 ; l'Association amsterdamoise, pour la construction de demeures d'ouvriers, cette association a pour but d'améliorer le sort des ouvriers, et dont le principal objectif est de procurer des demeures à un loyer raisonnable ; la Fondation Salerno, pour l'amélioration des habitations des classes pauvres ; la Fondation pour les traitements ophthalmiques, avec clinique stationnaire et ambulante ; l'Œuvre Bischoffsheim, dont le principal objectif est de faire aux petits négociants, de quelque religion qu'ils soient, des avances à un intérêt très bas, un autre point de l'œuvre est d'encourager dans les études scientifiques et pédagogiques les jeunes gens qui ont de bonnes dispositions et aptitudes. Le Corps (Charitas), fondé par l'avocat Lipman, est accessible à tous les cultes, son objectif est : secours à trois veuves de trois religions différentes, distributions de gratifications à six garçons et filles, ces gratifications sont placées à la Caisse d'épargne jusqu'à la majorité de vingt et un an, pour procurer à tour de rôle à un jeune homme, catholique, protestant ou israélite, de s'exercer dans une branche quelconque, excepté dans la théologie ; enfin, des gratifications annuelles de cent francs sont allouées à trois familles pauvres qui se distinguent par l'ordre, la propreté et la netteté.

L'Union Nord hollandaise de la Croix-Blanche, contre les invasions épidémiques, pour fournir assistance aux malheureux pendant qu'elles sévissent.

Floralia, dont l'objectif est la propagation, parmi la classe ouvrière, de la culture des plantes, et en avancer les progrès. La Société de sauvetage, dont le but est de fournir des appareils nécessaires et les moyens propres pour mettre les habitants à même de sauver les naufragés.

La Charité modeste, fondée sous l'égide de la neutralité la plus absolue des cultes, et dont l'objectif est de combattre le paupérisme, fournir des subsides en argent, procurer de l'ouvrage et fournir des avances gratuites.

Sarapeta. Cette institution est de venir en aide aux veuves et orphelins protestants. Il existe de semblables institutions pour les autres cultes. Des sociétés de sauvetage, des institutions pour les aveugles. De sorte que le voyageur peut se demander ce qu'il manque dans ce pays qui est la création même de l'homme et qui, la preuve en est certaine, fait son possible pour que rien n'y manque, car en réalité, ayant fait tant pour le bien-être général, on jouit de l'avantage de trouver tout utile. Nous ne pouvons énumérer tout ce qui existe de bon et de généreux, c'est-à-dire de cette conséquence de la liberté la plus grande où l'initiative privée se donne un libre cours, de ce que le cœur humain renferme de sentiments nobles et grands.

Hôtels principaux et Cafés-Restaurants. — Les établissements de luxe viennent après ceux de charité. Citons les hôtels, qui sont de vrais monuments très importants et grandioses que l'on pourrait appeler des palais ; si nous en jugeons par l'Amstel-Hôtel, le Bibli-Hôtel, l'Hôtel Kranapolsky, l'Hôtel américain, l'Hôtel de la Monnaie et vingt autres, rivalisant de beautés architecturales et de proportions colossales surtout.

Les établissements publics, les cafés très nombreux, vastes si il en est, pour ne désigner que les cafés du Panopticum, des Mille-Colonnes, Kranapolsky, de la Bourse, le Café suisse, le Café polonais, du Plantage, le Café Rembrandt, tous aussi riches les uns que les autres ; nous en passons et des plus beaux. Pour citer parmi les plus grands, le Café Kranapolsky, où 2,700 clients peuvent être servis facilement, ayant jardin d'hiver curieux à visiter, et jardin d'été très vaste, une belle salle de billard, dans laquelle il y a dix-neuf billards au premier, et une salle pour sept cents couverts.

Le Café du Panopticum, ce palais, genre byzantin, possède un musée, genre Grévin, des plus beaux, l'importance de cet établissement est environ le théâtre de Reims, comme construction, de sorte que la population cosmopolite d'Amsterdam est constamment certaine d'avoir des nouveautés attrayantes.

Coutumes et habitudes dans la Ville. — De la liberté, la plus large mesure, les cafés, magasins et brasseries ne ferment que quand ils veulent, personne n'y trouve à redire, et peuvent rester ouverts toute la nuit. Malgré cela, le calme le plus grand ne cesse de régner, à partir de dix à onze heures du soir jusqu'au jour. Alors il ne faut plus essayer de dormir, car on a déjà, pendant la nuit, à supporter les moustiques, qui ont allongé votre veillée ; mais ce n'est pas tout, c'est fini pour le sommeil.

Au petit jour, une bacchanale se fait entendre ; ce sont les réveilleurs, qui ne sont autres que les facteurs des postes, payés par les habitants pour venir tirer les cordons de leurs sonnettes avant l'heure du travail.

Dans ce pays original, les facteurs se chargent de tout, courses, commissions ; ils sont guides, emballeurs, font les déménagements, distribuent les lettres, font les tournées aux jours d'échéance pour les banques, enfin se multiplient pour remplir ces diverses fonctions, et particulièrement celle de faire un vacarme d'enfer tous les matins.

Aspect de la ville, hygiène, de la propreté des rues, descriptions. — La ville est remarquablement propre, toutes les rues sont très bien pavées, la plupart en briques de champ ; on ne voit jamais d'ordures déposées devant les trottoirs ; le service de propreté est bien fait, avec célérité, voici comment : Il est d'abord expressément défendu de déposer des ordures devant les portes. Le boueur passe tous les matins avec son tombereau, en avant de lui passe un collègue qui tire toutes les sonnettes, comme le réveilleur, en agitant une grosse crécelle ; les ménagères sortent alors leurs boîtes à ordures, que le conducteur du tombereau prend pour les vider dans sa voiture, d'une forme particulière, et qui mérite qu'on la décrive, surtout au point de vue hygiénique, et pour sa commodité et sa propreté. Ce tombereau a la forme d'une grande caisse avec des couvercles disposés en toiture ; ces deux couvercles, arrêtés au sommet, où sont les charnières, sont munis de trappes qui sont disposées et pratiquées dans chaque bout, par lesquelles se fait la charge, ainsi que par une petite porte derrière la voiture. Ce véhicule très simple est très bas, porté par quatre roues assez hautes, ayant un essieu coudé, ce qui fait que le coffre étant haut, le dessus est à hauteur d'homme et facilite ainsi le travail avec toute la diligence voulue.

Ce service est fait par la ville, car les employés sont coiffés d'un casque en cuir bouilli, comme celui des agents de ville. Le casque a deux visières, n'a d'autre ornement qu'un petit cimier très bas, et sur le devant le lion de la Hollande.

Les agents ont un petit coupe-chou en guise de sabre, mais attaché au fourreau de ce petit sabre se trouve un jonc de mer avec une garniture en cuivre à chaque bout, pour se défendre, ne devant pas dégainer dans le service de la police d'ordre de la ville.

Population de la ville détaillée par sectes. — Amsterdam possède une population de 350,000 âmes environ au dernier recensement, dont 235,274 protestants des différentes sectes ; 69,284 catholiques romains ; 312 catholiques anciens ; 14 catholiques grecs ; 3,084 israélites néerlandais ; 3,300 israélites portugais ; et enfin 2,028 sans culte connu. Aussi, nous fait-on observer que, malgré la différence des religions, le calme et la concorde règnent profondément. Pays heureux !

Les nuances religieuses sont nombreuses ; nous allons nous permettre de les désigner. Formant la majorité, d'abord les protestants néerlandais, les protestants wallons, les presbytériens, les remontrants, les chrétiens réformés, ménonites, les luthériens évangéliques, les luthériens réintégrés, les hernutes, les anglicans épiscopaux, les catholiques romains, les catholiques anciens, les catholiques grecs, les israélites néerlandais, les israélites portugais, les libres-penseurs, à quoi il faut ajouter ceux qui ne sont ni les uns ni les autres ; on le voit, dans cette ville cosmopolite par excellence, la liberté de la pensée et de penser dans ce petit coin de l'Europe est telle, respectée de tous, et personne ne trouvant à redire, ni ne s'inquiète pourquoi son voisin ne croit pas comme lui.

Description topographique de la ville. — Amsterdam est divisée par 676 rues ou places, environ 75 à 80 canaux, tous ramifiés entre eux ; les rues sont reliées entre elles par des ponts au nombre de 380 à 400. Les quais, en comptant ceux de l'Amstel et de l'Y, atteignent le chiffre 220, dont presque tous peuvent permettre d'y passer en voiture ; en tous cas, le service des tramways se fait par les principaux, qui en sont sillonnés, ainsi que par les petites voitures et les omnibus de la ville. Notons en passant qu'elle doit à sa situation topographique le surnom de Venise du Nord.

Musées. — Nous avons dit que le Hollandais était fier de son pays, mais nous devons ajouter que c'est en même temps un homme pratique, qui ne laisse pas souvent grand'chose à désirer et à faire, surtout où il y a à produire. Nous n'en voulons pour preuve que les visites que l'on va faire dans les édifices et musées, où vous payez partout pour voir. De cette façon, tout produit dans ce pays de musées et de monuments de toutes sortes.

En France, ce n'est pas cela, tout est gratuit, mais en Hollande, tout est payant ; d'ailleurs, ils ont raison, comme cela ils trouvent le moyen de payer le personnel, et qui plus est, leur produit encore de quoi entretenir et embellir ce que le curieux, l'étranger aiment tant à visiter. En tous cas, nous faisons une réserve pour les nationaux hollandais, qui eux, au moins, devraient pouvoir visiter gratuitement tous ces établissements, tous ces édifices et musées, car en fait de musées, le nombre va toujours croissant.

En France tout est gratuit, avons-nous dit, et l'ouvrier intelligent qui va passer quelques heures à visiter ces raretés artistiques, scientifiques ou industrielles, y trouve une saine occupation de l'esprit, et en sort ayant appris à connaître, par leurs œuvres, des hommes qui ont contribué pour beaucoup à grandir le prestige de la patrie commune, à laquelle on est si fier d'appartenir.

En Hollande, sous ce rapport, l'ouvrier laborieux et admirateur des arts n'a pas cet avantage de la gratuité que nous voudrions lui voir. Mais comme tout ce qui est utile et ne coûte rien, il faut attendre des années pour obtenir une petite réforme, si utile et si urgente qu'elle soit. Aussi nous espérons qu'on leur accordera cet avantage que nous désirons pour eux. Mais citons ces musées : le nouveau Musée national de tableaux ; le Trippenhuis, ouvert tous les jours, est très considérable ; le Cabinet d'estampes, qui en contient des milliers ; le Musée Fodor ; le Musée Van der Hoop ; le Musée Six ; l'Académie des arts plastiques ; les Musées rétrospectifs d'arts et d'antiquité ; le Musée scolaire néerlandais ; le Jardin zoologique ; l'Aquarium ; le Panorama du plantage ; le Panorama oriental, etc., etc.

Eh bien ! malgré le nombre, les visiteurs affluent toujours pour admirer ces raretés sans pareilles. Certes, nos musées de France sont beaux, aussi ne les mettons-nous pas en comparaison, vu leur importance.

Budget de l'ouvrier, réflexions générales. — La vie, qui offre assez de facilité dans certaines conditions, est elle-même difficile pour la classe pauvre et ouvrière, le tout se rapproche tant de notre pays, que nous dirons : si le gain est moins fort, en raison de la production, le prix des denrées est en proportion, aussi moins élevé, de sorte que l'équilibre, comme chez nous, se rétablit par ces seuls faits que la consommation est par rapport au gain qui, si les prix de la consommation augmentent, exigent que les gains de l'ouvrier, des consommateurs enfin, augmentent aussi.

Seulement (il y a un seulement), si toute force se porte sur un même point, il faut à ce point plus de résistance, plus de moyens pour satisfaire au surcroît de poids imposé ; il en est de même dans la société. Une ville s'agrandit, son effectif aussi, la nécessité d'avoir à nourrir, dans cette ville, un nombre d'individus plus grand, force le marchand à se procurer, là ou ailleurs, ce dont il a besoin pour les autres. Il a acheté beaucoup, s'il faut payer plus cher, que fera-t-il ? Il fera payer plus cher. Que fera celui qui aura payé plus cher, quel qu'il soit, depuis le riche à l'abri du besoin, jusqu'au petit propriétaire, et enfin à l'ouvrier, il lui faudra, par tous les moyens, se récupérer. Le riche, ses frais augmentent, le luxe le convie à un confort plus grand, le propriétaire veut vivre un peu plus largement, et l'ouvrier plus facilement, c'est-à-dire avoir le nécessaire au fur et à mesure de ses besoins, alors il cherche à augmenter son salaire, et ne fait que suivre le mouvement qui le force, car il subit un peu cette somme de bien-être que veut son propriétaire, cette insensible, c'est vrai, mais continuelle augmentation des denrées les plus usuelles à la vie.

Puis enfin, l'ouvrier subit encore comme les autres tout ce que le progrès nous offre de tentant, de frelaté ou de bon, aussi bien ce qu'il paie trop cher, qui n'a pas de durée, comme ce qui n'est plus pur, puisqu'il y a la fabrication de la falsification en plus, qui est une des plus indignes augmentations. Et elle se pratique sur une échelle beaucoup trop tolérée. Il voudrait (l'ouvrier) au moins être sûr, aujourd'hui, d'acheter du poivre pur, qui ne l'est plus, du lait qui ne l'est jamais, du vin qui a usurpé le nom qu'il porte et tout ce qui s'ensuit; c'est toujours lui, le plus grand consommateur, qui supporte cela. Aussi cherche-t-il le moyen de faire comme l'épicier qui fraude son poivre, le laitier qui met de l'eau dans son lait, et enfin, comme toujours, le marchand de vin, qui baptise son vin avec de l'eau de seltz pour qu'il soit plus capiteux. Il cherche de l'augmentation, car il y a droit, il faut bien le dire et l'admettre. Les autres, ceux qui travaillent pour les commerces ci-dessus désignés, et tant d'autres avec, l'imposent bien, eux, cette augmentation continuelle. Un propriétaire peut augmenter son loyer de cinquante francs par an, ou même, pour un logement d'ouvrier, de trente francs seulement ; le laitier met un quart d'eau dans son lait ; l'épicier met du gland moulu dans son poivre, 50 pour cent de sa marchandise ; le marchand de vin suit le mouvement aussi et se gêne peut-être encore un peu moins. Ajoutez à cela ceux qui, avec une clientèle insignifiante, veulent vivre avec leur commerce quand même, et qui vendent à l'ouvrier. Il faut qu'ils fraudent, et alors ils vendent des marchandises inférieures qui ne remplissent pas, pour la nourriture, le même but : le lait est moins nutritif, le poivre est pernicieux, le vin composé d'un alcool factice de bois ou équivalent, rougi à la fuschine ou autrement, acide et âcre, et enfin mauvais et attaquant la santé. Récapitulez toutes ces fraudes dans les marchandises vendues à ceux qui n'ont pas le moyen d'en acheter de meilleures, les vêtements achetés à crédit dans les maisons d'approvisionnement où l'on paie au moins 40 pour cent plus cher de mauvaises marchandises, comptez, additionnez, proportionnez ce qu'il a payé légalement, en moyenne, un tiers en trop, en général, et nous n'exagérons pas, sans prétendre à ne pas laisser de bénéfice, nous disons que la fraude, s'appliquant à tout, lui a fait dépenser de trop par an : nous pouvons dire un tiers, tant par les qualités que par les quantités. Le budget moyen d'un ouvrier est en moyenne près de mille francs, quand les années sont bonnes ; voyez, le tiers qu'il paie pour la fraude en plus lui laisse donc moins de mille francs de dépenses à faire par an, puisqu'il a donné 300 francs à la fraude, qui lui a plutôt fait du mal que du bien. Il n'a donc nullement profité de cette augmentation qu'il a obtenue peu à peu, difficilement. Car nous ne supposons pas que l'eau qui est dans le lait lui fait du bien, pas plus que le gland moulu du poivre ou le vin qu'on a baptisé. Ainsi voilà donc son budget de nos jours, de mille modestes francs. Il y a quinze ans, ou moins même, il était de sept cents francs, mais on ne fraudait pas encore les denrées alimentaires comme aujourd'hui ; donc tout le monde peut le dire, il achetait presque pur et nature ses marchandises ; aujourd'hui ce n'est plus cela, la population est la même, la consommation aussi, son budget a augmenté de trois cents francs, il passe pour un exigeant ; seulement il n'a avec ses justes mille francs de budget que sept cents francs de vrais, puisqu'il a un tiers pour le commerce de la fraude.

Cependant la production de la terre est la même, il ne peut y avoir que ceci qui diffère, c'est que les villes augmentent, oui, mais les campagnes diminuent. Pourquoi, s'il y a moins de monde en campagne, les denrées qui y sont récoltées sont-elles vendues plus cher que si elles étaient consommées dans le pays ? Parce que, nous l'avons dit, tout s'enchaine et s'enchevêtre ensemble ; l'appât des villes attire, et l'agglomération est la cause seule de l'augmentation. Et nous constatons que tout en ayant demandé de l'augmentation par périodes, c'est-à-dire aux époques où il était forcé de le faire, il a toujours été considéré pour un exigeant, un réclameur, et finalement vouloir gagner de l'argent à rien faire. Eh bien ! et la fraude, de quoi vit-elle ? On ne la comparera pas à notre intéressante classe, puisque ses opérations sont basées sur la liberté du commerce. Et c'est cette liberté que nous trouvons abusive, et avec des libertés comme cela, le genre humain peut bien dégénérer trop vite ; car si la liberté est une belle chose, et nous le reconnaissons bien, nous disons encore : la liberté est un bien si doux que le sage seul en use, quand le fou en abuse. Et à notre sens, on peut appliquer à la société tout entière notre pensée, que nous compléterons en ajoutant : l'Etat protége et défend tous les citoyens, réprime les abus causés au nom de la liberté par les uns sur les autres, indistinctement et réciproquement. Il y a tant à dire, tant à faire, qu'on ne surveillera jamais trop ce qui se fait au nom de la liberté.

Chacun veut être libre, mais à sa manière, et dans le petit commerce favorisé par un lucre facile, et par des commerçants ou fabricants, ou encore des marchands en gros peu scrupuleux, il se pratique sur une échelle bien organisée une falsification générale des produits servant à l'alimentation, depuis l'épicerie, les liquides, et aussi les objets dont le plus grand nombre n'est que de la camelote. Il faudrait en cela que l'Etat prenne des mesures énergiques contre les abus. En Hollande, une mesure énergique a été prise, par le gouvernement, en raison de l'augmentation continuelle de l'ivrognerie. On tolère seulement aux anciens établissements le droit de vendre de l'alcool, on n'accorde plus ce droit aux nouveaux qui s'établissent, et le nombre des anciens diminue par amortissement ! Voilà au moins une mesure paternelle. Aussi, le gouvernement hollandais veut le relèvement moral, atteint par une industrie seule, celle de la production du *schidam*, qui est de l'alcool qui n'est autre que le genièvre.

En France, la production d'alcool est très grande, rapporte beaucoup, de là un grand bénéfice pour l'Etat, augmenté par une importation allemande considérable ; on sait là-bas que le niveau intellectuel baisse par l'ivrognerie, et un des plus grands producteurs y trouve le compte de ses calculs, en nous envoyant ses produits infects, qu'on emploie à tout et dans tout. Qu'on frappe l'alcool d'un droit inabordable pour le consommateur ouvrier, qui ne boit plus maintenant d'alcool français, mais bien d'un autre plus pernicieux à la santé, car il faut comme nous se rendre compte de ce que l'on boit, l'odorat en est offensé, sentant non l'alcool, mais l'acide. Par un droit très fort sur toutes les liqueurs alcooliques, l'Etat aura son même revenu et l'on aura contribué à atténuer la consommation d'un produit et agent destructif. Et nous ne donnerons pour raisons que ce que l'Etat hollandais a fait pour extirper le peuple à l'abus des boissons est de toute philanthropie, et que point n'est besoin de commenter davantage ; pour quant à nous, nous verrions d'un bon œil des mesures énergiques semblables appliquées vigoureusement à tout ce qui touche l'humanité, que l'on tue, sous ce fallacieux prétexte de la liberté de vendre, acheter, consommer à sa guise et à sa fantaisie, mais nous n'exposerons que ceci : si celui qui porte atteinte à la santé publique par des produits frelatés ou factices, sans valeurs nutritives autres que l'apparence avec le produit, recevait un coup de bâton, pour le tort qu'il porte à son client, il aurait la loi qui défend de faire justice soi-même. C'est précisément cette loi qui défend de porter atteinte à qui que ce soit que nous allons réclamer, par notre langage, car il faut admettre que l'un, pas plus que l'autre, ne peut porter atteinte à son voisin. Le fond de notre pensée est peut-être meilleur que notre explication, que nous nous efforçons toujours de rendre aussi claire que possible.

Loyer, description, comparaison des surfaces et des prix de location des logements d'ouvriers avec les logements dits bourgeois ; considérations et conclusions sur l'hygiène et la propreté en Hollande. — Concernant les loyers d'ouvriers en Hollande, ils ne sont pas plus favorisés que nous, il faut de 100 à 110 florins, ce qui fait 200 à 220 francs pour un logement toujours exigu. En France, c'est peut-être pire encore, car nous pouvons produire à l'appui de notre dire, les preuves les plus autorisées, par l'exemple du prix des loyers de presque tous les logements d'ouvriers sans exceptions, car les exceptions nous ne pouvons les faire entrer en balance dans notre citation, ne constituant que des faits très rares et complétement isolés. Nous trouvons des logements comme ceci : une place, un petit cabinet noir au rez-de-chaussée, le ruisseau de toutes les eaux ménagères passe devant la porte, dont le seuil est peu élevé, au fond d'une cour, voisin des privés (pas inodores du tout), pour cent quatre-vingts francs par an, à prendre ou à laisser. Il est toujours pris, parce que ce n'est que cent quatre-vingts francs. Tous les ans on déloge, on le ferait même au bout de huit jours si la commission d'hygiène était consultée ; mais voilà, on ne peut pas trouver partout pour cent quatre-vingts francs un logement ; on loge étroitement, c'est vrai, et comme il est plus facile de payer peu que beaucoup, on reste, et ce genre de local rapporte bien. Nous en citerons un autre, au premier, de cent quatre-vingts francs aussi ; une chambre, un couloir qui communique à une cuisine de un mètre cinquante carré ; au fond d'une cour, le voisinage toujours, surtout au fond des cours, des privés.

Ces logements sont choisis par leurs prix égaux et leur situation différente. C'est le prix que peut payer un ouvrier qui n'a qu'un enfant ou deux, jeunes encore, ou il faudrait plus de place si ils étaient grands, ces logements ne sont que des étouffoirs. Le réglement exige deux mètres soixante-six de haut, ils n'ont que deux mètres trente, la surface réunie des deux logements, sans caves ni cabinets inodores, et toutes les commodités les plus utiles, n'est que de quarante-trois mètres de surface pour la somme de 360 francs par an, ce qui fait 8 francs 36 par mètre carré de loyer, sans luxe, au contraire dans des conditions d'hygiène déplorables. Nous allons comparer un logement de mille francs par an, où tout le confort, la propreté, l'hygiène, les commodités sont installées avec luxe, ayant cave, jardin, greniers, toutes les peintures sont fraîches, le jour et l'air à profusion, si utile au logement précédent, et qu'il n'a pas en payant cher ce qui ne coûte rien.

Ce logement de mille francs comprend : salle à manger, deux chambres à coucher, un salon, un cabinet de travail, une cuisine, chambre de bonne, salle de bains, buanderie, une écurie, une belle mansarde, le grenier et la cave ; le tout supérieur, et dont les surfaces additionnées sont : la salle à manger, 25 mètres carrés ; les chambres à coucher réunies, 33 mètres 50 ; le salon, 26 mètres ; le cabinet de travail, 11 mètres ; la cuisine, 9 mètres 40 ; la chambre de bonne, 13 mètres 20 ; la salle de bains, 5 mètres 75 ; la buanderie, 6 mètres 25 ; l'écurie pour un cheval, 10 mètres 80 ; la mansarde, 8 mètres 30 ; le grenier, 23 mètres ; la cave, 17 mètres ; soit un total de 189 mètres 20 de surface, qui ne revient qu'à 5 francs 82 par an le mètre carré. Puis le jardin et l'eau, le gaz, le voisinage gai, plus souvent calme et seul ! surtout un particulier. Nous en citerions d'autres encore, à quoi bon ? Alors pourquoi cette anomalie dans les dépenses forcées de celui qui n'a pas le moyen, par ces exemples comparés d'un logement d'ouvrier et d'un autre, de payer plus cher, beaucoup, sans commodités aucune, tandis que l'autre logement, au contraire, fait du bénéfice au locataire. Par quel moyen combattre ces abus encore qui grèvent de 80 pour cent le budget du loyer ? Nous le laissons à l'appréciation de plus compétents, nous expliquons, nous voulons établir des parallèles seulement. Aussi c'est la même chose en Hollande, sauf cependant la propreté, qui est aussi bien le fait du propriétaire que du locataire, mais pour quant à l'exiguïté du logement, c'est la même chose, si ce n'est pire.

La Hollande monarchique, le cens, l'instruction gratuite non obligatoire, le livret, la Justice de paix

remplace le Conseil de Prud'hommes ; considérations
économiques, la presse, l'apprentissage, le commerce
des rues, commerce des denrées, exportations, différents prix des aliments, etc. — Ce pays, régi par une
monarchie constitutionnelle, a des droits et des libertés que
nous n'avons pas. Les réunions sont libres et les associations
aussi. Seulement, un progrès à faire, c'est d'appliquer le suf-
frage de la nation entière, alors qu'il n'est encore que censi-
taire.

L'instruction est laïque, gratuite, mais non obligatoire, point
n'est utile de la rendre obligatoire, ils s'obligent ce devoir-là.
Le livret n'existe pas. Il n'existe pas de loi qui interdise les rapports entre ouvriers, c'est inutile. Il n'y a pas de Chambres
syndicales ni de Sociétés dites de résistance, point n'est besoin,
et l'ouvrier est libre de défendre ses droits devant les tribunaux.
Il n'y a pas de Conseil de Prud'hommes et le juge de paix suffit,
le besoin plus tard se fera sentir. Les ouvriers, comme en
France, ne sont point retraités. Nous l'avons dit, la comparaison des ouvriers est presque dans la même situation, par conséquent peu brillante.

Il y a beaucoup d'associations coopératives de consommation,
dont tout le monde peut être membre (en payant sa cotisation),
les bénéfices sont également partagés entre les membres. Il y a
deux ou trois Sociétés de secours mutuels seulement. Il y a des
journaux ouvriers quotidiens à cinq centimes, la presse est très
libre, personne n'en abuse (c'est une belle chose). Nous tenons
ces paroles d'un rédacteur en chef d'un des premiers journaux
de la Hollande (1).

L'âge de l'apprentissage est fixé à 14 ans. A remarquer, tout
le commerce des rues est fait par des hommes, rarement des
femmes, sauf les campagnardes les jours de marché.

---

(1) M. Van Duyl, rédacteur en chef du *Algemeen Handelsblad*, chevalier
de la Légion d'honneur, président d'honneur du Jury des récompenses à
l'Exposition d'Amsterdam, vice-président du Congrès scientifique, histo-
rien, poète national hollandais, etc., etc. Nous devons à la gracieuseté de
M. Aubert, chancelier du consulat français à Amsterdam, d'avoir été mis
en rapport avec M. Van Duyl ; sitôt mis au courant du motif qui nous dé-
terminait à protester contre les agissements anarchiques de certains délégués, en notre nom et en celui de toute la délégation de France, M. Van
Duyl, avec un empressement et un désintéressement tout à fait honorables,
mit à ma disposition une page entière de son vaste journal le *Algemeen*

La femme, en général, ne s'occupe que de son ménage, et n'est occupée que dans ce qui concerne les travaux et confections de son sexe. La famille est moyenne avec deux et trois enfants. On peut dire qu'il y a abondance de bétail, le beurre et le fromage forment un grand commerce sur l'Angleterre. Le bœuf se vend depuis 1 franc 60 jusqu'à 3 francs le kilog ; le veau, de 2 francs à 3 francs 50 ; le porc, de 1 franc 50 à 2 francs 50. On consomme peu ou pas de mouton, qu'on exporte en Angleterre. Le beurre vaut de 3 francs à 3 francs 75 le kilog ; le riz de 40 à 50 centimes ; le café grillé de 1 franc 60 à 2 francs 50 ; le sucre blanc, 1 franc 40 ; le thé, qui est une grande consommation, de 4 à 5 francs le kilog ; le pain, 40 centimes ; le tabac, de 2 à 3 francs le kilog ; les pommes de terre, de 8 à 10 centimes le kilog ; le fromage, rond comme une boule à jouer aux quilles, de 1 franc 60 à 2 francs 50 le kilog ; et les œufs de 5 à 7 centimes pièce. Voilà les résultats de nos enquêtes sur les prix des denrées alimentaires, nous nous sommes occupés de tout ce que nous avons cru devoir être utile au bien-être de notre classe des travailleurs français ; nous avons voulu savoir comment vivaient ceux de la Hollande, pour comparer avec nous et voir si il était possible d'améliorer notre situation.

A l'Exposition, en passant nous visitons Ryks-Museum, sa description, nos réflexions sur la construction et la main-d'œuvre. — L'Exposition vient encore augmenter davantage le nombre des curiosités à visiter, et son im-

---

Handelsblad (ce journal est lu par toutes les puissances limitrophes de la Hollande, ce qui permit, par un tirage de 150,000 exemplaires, de donner une grande publicité à la protestation des délégués réellement ouvriers et réellement Français), et par une dépêche télégraphique qui suit, me donnait rendez-vous pour arrêter avec lui la publication de cet acte en langue hollandaise, dans un supplément spécial au journal...

TÉLÉGRAMME

Vogelenzang, 29 septembre 1883.

Monsieur Lepage, 77, Daniel Stalperstaat, Amsterdam.

» Je suis à la campagne avec ma famille, mais je rentre ce soir, venez chez moi, plutôt qu'au journal, me voir pour la publication que vous êtes chargé, de la part de vos amis de France. Ne faites pas attention si je suis à ma toilette. A demain, à 7 heures du matin.

162, Vorburgwal, 162,

Tout à vous,
Van Duyl.

portance artistique et industrielle offre par dessus tout l'intérêt le plus complet pour remplir dignement notre mission.

Nous pénétrons dans l'Exposition par l'entrée principale, située derrière le nouveau Musée national, destiné à recevoir tout particulièrement les œuvres des peintres qui ont illustré la Hollande entière. Mais en passant, nous allons faire la description de cet immense palais, qui n'appartient à aucun style, et que les sculpteurs qui travaillent à l'exécution des frises en haut relief appellent le style Cuypers, du nom de l'architecte qui l'a conçu. Ce monument s'appelle en langue hollandaise Ryks-Museum, sur le Stadhouderskad.

Comme architecture, le plus beau de cet édifice est d'être très vaste, l'ayant parcouru du rez-de-chaussée aux combles, nous pouvons ajouter que c'est là le côté le plus intéressant de cette construction ; cependant, bien des dispositions, des lignes, et enfin des ornements indiquent fortement l'influence de l'architecture du xiiie siècle. C'est ainsi que, pour la partie centrale du monument, qui commence par quatre arcades au rez-de-chaussée, nous remarquons que les grandes baies qui éclairent le salon d'honneur sont disposées en meneaux et agencées comme les baies ogivales du xiiie siècle, quoique cependant la réunion des baies soit faite par un plein-cintre, comme dans le roman de transition.

Etant entré dans le passage, sous le salon d'honneur, on aperçoit trois nefs très larges, dont deux servent pour la distribution du service des bâtiments sur cour. Ces trois nefs sont voûtées à la façon des voûtes xiiie siècle, en plein-cintre pour les arcs doubleaux ou formerets ; mais soit fait exprès ou incompétence d'exécution, les nervures font un effet mauvais en ce sens qu'elles n'ont pas été déterminées par la pénétration de la voussure du formeret dans la voussure maîtresse de l'arc-doubleau, ce qui lui donne une apparence cassée ou surbaissée, au lieu de prendre les formes gracieuses de l'ellipse déterminée par la rencontre d'une pénétration cylindrique dans une autre ; à quoi il faut ajouter que les diagonales qui suivent les nervures sont placées trop sur le côté, et font croire que la naissance de la nervure dans l'assouchement de la voûte est placée en dehors du chapiteau, comme pour atténuer l'effet disgracieux de la courbure des nervures aux arêtes de la voûte.

Les colonnes cylindriques de pierre de Liége, de couleur bleue, sont surmontées de chapiteaux trop étroits et trop bas pour l'importance des voûtes. Ces chapiteaux, en pierre de Lérouville, sont sculptés d'ornements XIIIᵉ siècle, mais n'ayant pas la grâce ni l'arrangement des chapiteaux de cette belle époque. D'abord point de croisettes, et les ornements sont un peu laissés au hasard du praticien ; somme toute, mauvaise impression de cette voûte, qui couvre cet important passage.

Nous tournons à droite pour visiter l'intérieur au rez-de-chaussée. Face à nous se dresse une porte en pierre de Lérouville, toujours plutôt gothique qu'autrement, mais malheureusement mal traitée. La taille a été faite sur chantier, ensuite posée par des ouvriers qui certainement n'ont pas l'habitude de ces sortes d'ouvrages, et qui conséquemment amènent des retouches ou ravalements qui ont été faits par des mains inexpertes tout à fait, avec un outillage qui n'est pas propice à ce genre de travail, ensuite de cela, de trop petites assises. De tout petits morceaux, qui offrent une quantité de joints inutiles et rendent la besogne plus difficile encore. Mais en passant cette porte, nous sommes dédommagés, non par la beauté de l'exécution au point de vue ouvrier, mais par l'aspect imposant de l'escalier monumental à un seul retour, dont le profond de l'hélice est voûté capricieusement avec des nervures comme dans les voûtes anglaises du XVᵉ siècle. Le caractère particulier de cette voûte, construite en briques comme l'édifice en général, c'est d'être rampante et parfaitement bien comprise et combinée ; nous suivons ensuite une série de salles qui devront servir de salles d'études et d'ateliers aux élèves artistes. Toujours le genre de voûtes gothiques, par moment heureusement disposées, par moment plus mal : cela dépend de la place à voûter. Nous arrivons à un escalier de service à noyau plein. Toutes les marches sont en briques revêties d'une dalle en pierre dure de 5 centimètres environ. Cet escalier tourne dans deux mètres cinquante de diamètre environ, et donne aux marches à noyau une certaine surface qui est disposée pour le dessous en voûtes, mais toutes étant voûtées, ces marches n'offrent rien qui puisse rappeler la vis Saint-Gilles, car c'est dans le sens de la longueur de la marche. Du noyau au mur, la marche est creuse, et répétant le mouvement de la marche, comme au-dessus. Les briques qui forment ces petites voûtes sont disposées en triangles et s'emmanchent les unes dans les autres.

Nous gravissons cet escalier qui nous conduit dans des salles de différentes dimensions, et disposées spécialement pour recevoir les œuvres réunies des différents maîtres de l'école hollandaise. Chacune de ces salles porte le nom du maître. Celle de Rembrandt, particulièrement, a des proportions très vastes et c'est là au centre que la *Ronde de Nuit* sera placée pour un temps infini, sans doute, sous l'œil vigilant et fier de la Hollande entière.

Nos excursions dans ce palais nous permettent de voir les combles, desquels nous admirons le magnifique panorama de la ville, du golfe de l'Y et du Zuiderzée.

Le soleil brille à travers le brouillard et produit sur tout le golfe l'effet d'un fond d'or empourpré. Nous montons toujours, pour nous arrêter à 55 mètres de hauteur ; nous regardons la charpente en fer des combles du pavillon central, et nos renseignements nous permettent de dire que ces travaux de charpente sont exécutés en Belgique. La couverture est en ardoises anglaises et des Ardennes, de Fumay, avec celles de Rimogne, que nous reconnaissons à la couleur verte ; cela permet de faire des dessins de trois couleurs, avec l'anglaise qui est noire, et la violette de Fumay. Enfin ce monument, qui est beau, c'est certain, n'attache nos regards que par ses proportions colossales.

La construction, dans son ensemble, est bien exécutée ; partout, tout est voûté en briques, ou en voûtains pour les planchers des grandes salles. Ces voûtes respirent la solidité par leur épaisseur, qui est d'une brique et demie, rien n'y a été ménagé ; mais nous devons relater que, comme taille de pierre, le peu qui s'y trouve employé n'est pas traité avec bonheur, ce qui est capital pour un édifice de ce genre.

Dans ce palais des chefs-d'œuvre de la Hollande est disposé un musée rétrospectif, quelques mots dessus et sur l'Exposition du prince de Galles. — Nous avons remarqué, comme faisant diffusion à son ensemble, que certaines salles étaient disposées autrement les unes que les autres ; aussi les explications qui nous sont données avec beaucoup de grâce font tomber nos réflexions personnelles, quand on nous apprend que ces salles sont ainsi construites pour installer, selon chaque âge marquant et selon chaque époque et province de la Hollande, des intérieurs rappelant le mobilier complet des différents pays les plus intéressants des sept provinces-unies.

En effet, dans le musée d'arts rétrospectifs que nous avons visité, disposé dans une des ailes de cet immense palais, nous avons remarqué ces intérieurs de ménages, depuis les grands meubles jusqu'aux moindres détails des ustensiles et des armes de ces temps passés. Ces intérieurs, disposés comme ils le sont, montrent depuis la demeure du riche, de l'artiste, du soldat, du marin, du religieux, jusqu'à enfin la cabane du pêcheur hollandais, avec tous ses filets et ses outils de pêche, de sorte que, au point de vue historique et artistique, cela est très intéressant, car il y a des objets, des meubles, des armes d'un goût très recherché comme beauté, et qui, malgré l'âge de toutes ces choses, indique hautement la rareté de tels vestiges et du luxe des demeures anciennes.

Ce musée possède une très belle collection de faïence de Delft, et ses nombreuses vitrines sont bondées d'une foule de bijoux, de porcelaines, d'émaux de toute sorte, d'ivoires ouvragés, enfin des milliers de petits chefs-d'œuvre d'art et de patience, ainsi que de luxe ; ils offrent aux visiteurs, depuis l'origine de l'art jusqu'à sa perfection. On a l'avantage d'admirer ce que la conception de l'artiste, quel que soit son genre, peut enfanter et créer.

Des armures sont disposées comme les portaient les soldats et les chefs de ces époques. La collection d'armes montre tout ce que l'esprit de défense a pu inventer, depuis la hache en silex jusqu'aux canons tout guillochés de mille dessins divers, les affûts, les roues de ces petits canons sont aussi détaillées que les pièces qu'elles portent ; enfin, dans la quantité des objets conservés depuis les temps reculés, nous y voyons des objets dont la forme ne nous apprend pas à quoi ils pouvaient servir, mais qui, comme travail ou matière, indiquent le cas que l'on en fait.

Les tableaux des plus anciens peintres montrent par leurs dates que, quoique très ancienne, la peinture hollandaise avait déjà cette supériorité qui allait toujours croissant jusqu'à Rem-

brandt et Gérard Dow, etc., qui, par les autres musées, atteste
l'apogée complète de cette école, qui fut unique en son genre,
et qui a si compéltement disparu pour ne plus faire que le genre
de la facture française, si particulière et si dominante aujour-
d'hui. Notre visite s'achève dans ce musée où, en sortant, nous
admirons la collection du prince du Galles, disposée dans la
cour vitrée qui, quoique très vaste, suffit à peine à contenir
toutes ces richesses de l'Inde. Cette quantité d'éléphants, de
pagodes, enfin de magots de toutes sortes, en bronze ou d'un
métal à peu près semblable, de l'exposition du prince de Galles,
est universellement connue, et à Paris, en 1878, le prince l'avait
déjà envoyée. Comme cela, ça le débarrassait un peu.

Nous quittons enfin ce musée, pour nous diriger vers l'Exposition, sur laquelle nous allons jeter un premier coup d'œil.

**Description de la façade indoue (façade principale),
un coup d'œil en passant sur les sections pour arriver à la section française.** — Lorsqu'on a passé sous une
grande voûte d'un genre gothique, comme au milieu de la grande
nef d'une église abbatiale, à voussures basses, on débouche aus-
sitôt en face de l'entrée principale de l'Exposition internationale
d'Amsterdam. C'est là, dans cette Exposition, que nous allons
maintenant concentrer notre attention sur ce qui va nous intéresser le plus. Ce palais d'exposition, cette façade principale
qui frappe les yeux par sa blancheur, en sortant de cette voûte
sombre, vous laisse surpris, et forcément vous vous arrêtez
pour contempler cette bizarre architecture des monuments indiens.

L'aspect à la fois imposant et surprenant n'est pas sans charmes, surtout lorsque, revenu du premier étonnement, on regarde un peu le détail, on reconnaît que l'originalité de cet édifice n'est pas sans beauté, surtout pour nous, qui ne sommes
habitués de voir ces genres de constructions qu'en gravures
et dessins. Nous étions cependant prévenus, par des affiches représentant l'Exposition de la Néerlande, mais malgré cela, soit
que l'on se figure voir autre chose, on n'est convaincu de la
réalité que lorsqu'on la voit devant soi, incontestable et grandiose.

Cet important monument indou, dû à la fécondité d'un Français, M. Charles Fouquiau, est bien, après l'avoir observé, ce qui convenait à une exposition hollandaise qui, en principe, a plus exposé de ses colonies que de la métropole, rappelant par ce genre asiatique que ses colonies sont pour elle ses richesses particulières et productives, et aussi ses richesses nourricières. Cette façade d'un des mille temples de Bouddha, imitant par de la toile peinte en marbre blanc un immense monolithe de marbre, par la forme carrée de ses vastes et hautes tours surmontées de mille chimères et dragons, si chers aux Indiens, aux Japonais et aux Chinois.

Cette façade est supportée par des éléphants aux dimensions colossales, roulant leurs trompes énormes, portant en devise le nom de ceux qui ont contribué à la création de cette première exposition de la Hollande. Ces tours sont reliées par un immense velarium tombant en draperies aux dessins indiens que l'on voit formant toujours le fond du dessin des châles que portent les femmes, et ressemblant à ces cachemires des Indes, si connus et si universellement renommés, et dont la fabrication originale n'appartient plus aux Indiens, qui se livraient à cette industrie tombée aujourd'hui dans le domaine de la fabrication mécanique, comme tout ce qui donne prise aux progrès si développés chez les peuples civilisés.

Ce grand châle, comme nous l'avons appelé, remplit l'office de marquise pour l'entrée à l'Exposition, où à droite et à gauche, en entrant, se trouve la section néerlandaise, occupant une surface d'environ sept mille mètres carrés. Dans cette première section qui s'offre à nos yeux, nous parcourons rapidement les galeries, pour voir comment tout est disposé, nous prenons nos points de repère, nous pointons ce qui mérite d'être vu de plus près, et successivement, de galerie en galerie, nous entrons dans la section belge, sur laquelle nous glissons aussi, tout en y consignant ce qui sera soumis à notre examen le plus minutieux. Cette section occupe près de deux mille mètres de plus que la section qui précède, et qui prend le numéro 1 des sections exposantes, de sorte que nous n'arrivons à la section française qu'après avoir parcouru, les unes après les autres, dix-sept sections, la France n'étant que la dix-huitième, et occupant, par exemple, la plus grande surface, qui est de plus de douze mille mètres carrés.

Nous constatons, non sans une émotion vraie, que notre pays, là comme partout, impose le respect et l'admiration à tous. C'est avec peine que nous pouvons nous frayer un passage, tant la section française est visitée lentement, comme pour bien en fouiller les détails.

SECTION FRANÇAISE

Classe 24. — Nos exposants français, avec un goût tout particulier, offrent aux regards des visiteurs, dans la classe 24 du groupe n° 4, des meubles en tous genres, et aussi nous remarquons, dans les ameublements de grand style, une magnifique chambre à coucher Louis XIV, en chène sculpté massif; le lit, vrai chef-d'œuvre d'ornementation, nous force de nous arrêter pour l'admirer. Les autres meubles sont à l'avenant, et le fabricant nous assure que pour l'exécution de ces rares travaux, il a fallu seize mètres cubes de bois de chène (1), aussi n'en sommes-nous pas surpris. Si on se rend compte de la beauté du bois, on voit qu'il a fallu faire un grand choix, qui a bien nécessité l'emploi du cube annoncé ; le nom de cet exposant nous échappe, quoique nous ayons noté les noms des exposants, pour les choses qui ont attiré notre attention, enfin ce doit être la maison Jansen-Olivier, rue de Rocroy, 9, à Paris.

Pour nous dédommager, nous citerons les autres : la maison Majorelle (Louis), de Nancy, pour ses faïences artistiques, ses meubles d'art en style japonais et chinois, et à qui le roi de Hollande a acheté un magnifique guéridon. La maison Mianot (Joseph), 33, boulevard Clichy, à Paris, pour ses beaux meubles sculptés ; la maison Beurdely (Louis-Emmanuel), 32 et 34, rue Louis-le-Grand, pour ses meubles et bronzes d'art ; la maison Guéret frères, rue Lafayette, pour ses meubles riches, ses tapisseries, et d'autres encore.

Classe 25. — Dans cette classe nous citerons : la maison Agache fils, dont les immenses fabriques de Sérenchies et de la

(1) Toutes les sculptures sont fouillées dans la masse, sans collages d'épaisseur. Une mise au point très méticuleuse et très artistique a précédé l'exécution très supérieure de tous ces meubles, qui ont été achetés par le roi des Pays-Bas, pour la somme de 45,000 francs. C'est en effet la maison Jansen-Olivier.

Madeleine-lès-Lille occupent deux mille ouvriers, pour ses belles étoffes d'ameublement ; la maison Barbey (Charles), de Saint-Pierre-lès-Calais, pour ses beaux rideaux et ses belles dentelles ; la maison Boyriven frères, Paris, pour ses soieries et étoffes pour meubles, ayant ses fabriques à Lyon et à Neuilly-sur-Seine ; la maison Braquenié, d'Aubusson, pour ses splendides tapis d'Aubusson ; ainsi que la maison Duplan et Hamot, de Paris, pour les mêmes articles ; la maison Damon, 74, faubourg Saint-Antoine, Paris, pour ses meubles d'art, tapisseries et ébénisteries remarquables ; la compagnie de Linoleum, 21, boulevard Haussmann ; la maison Dumet, rue de la Sourdière, à Paris, pour ses riches brocarts et lampes de tous les styles et de tous les siècles ; la maison Legrand, 8, rue Sainte-Foy, à Paris, pour ses belles impressions en relief sur tous les tissus.

Classe 26. — Citons : la maison Grandry fils, à Nouzon (Ardennes), pour ses belles garnitures de foyer en fer poli, cuivre, nickel, etc. ; la maison Lombard, 26, place Vendôme, pour ses bronzes d'art, qui édite les œuvres de nos meilleurs artistes ; la maison Mesureur et Monduit, entrepreneurs de plomberie, cuivrerie d'art, c'est cette maison qui a exécuté le Vercingétorix qui est sur le mont du Puy-de-Dôme ; la maison Dubourguet, avec ses serrures à bouton, avec combinaison supprimant les clefs ; la maison Barbedienne, qui est universellement connue, et qui a exécuté l'Arlequin de M. de Saint-Marceaux, que nous avons pu voir sous plusieurs épreuves ; la maison Périn-Grados, 104, boulevard Richard-Lenoir, pour ses ornements d'architecture ; la maison Sohier, 121, rue Lafayette, pour sa serrurerie d'art ; ainsi que la maison Vaillant-Fontaine et Quintard, 181, rue Saint-Honoré, à Paris, pour sa quincaillerie ornée pour bâtiments.

Classe 27. — La maison Brigaugudet, à Thiers (Puy-de-Dôme), pour sa belle coutellerie ; la maison Claude (Ernest), à Dancy (Vosges), pour ses couverts en acier et en fer battu, sa taillanderie, etc. ; la maison Lacroisade, Chambon et Cie, à Paris, 183, faubourg Poissonnière, pour ses appareils de chauffage.

Classe 28. — La maison Legras (Louis), de Montmirail, inventeur du tour multiple appliqué à l'horlogerie ; la maison Sandoz, qui a fourni la parure, gros lot de la loterie de l'Exposition d'Amsterdam.

Classe 29. — La faïencerie de Gien (Loiret), avec ses faïences d'art aux proportions extraordinaires, ses faïences craquelées magnifiques surtout, ses deux plats énormes, représentant un Gambrinus et une Bohémienne, dont les sujets sont peints plus grands que nature ; la maison Blot, à Rosendal-les-Bains, Dunkerque, ses petites terres cuites représentant des marins et des pêcheurs ; la maison Boulanger, de Choisy-le-Roi (Seine), pour sa faïence architecturale ; la maison Boussard, rue de Paradis, 24, Paris, pour ses fleurs en porcelaine très fine ; la maison Carrier-Belleuse, rue de la Tour-d'Auvergne, 15, Paris, pour ses terres cuites d'art très belles ; la maison Champigneulle, rue Notre-Dame-des-Petits-Champs, 96, Paris, pour ses magnifiques vitraux peints ; la maison Imberton, rue Scribe, 7, Paris, pour ses beaux émaux sur verre (art ancien) et ses vitraux émaillés ; la maison Jullien (Paul), pour ses émerveillantes fleurs en porcelaine ; la maison Laporte (Raymond), à Limoges, pour ses splendides porcelaines d'art et ses terres cuites ; la maison Latteux-Bazin, pour ses beaux vitraux de l'église de Lavantie, exécutés à Roubaix ; la maison Lévy et Chatrain, peintres décorateurs, rue Vieille-du-Temple, 128, Paris, pour ses porcelaines genres Sèvres et Saxe, et ses belles faïences artistiques ; la maison Macs frères, cour des Petites-Écuries, 9, Paris, pour ses beaux cristaux blancs et de couleur, hors concours ; la maison Pelletier et fils, pour ses verres coloriés pour vitraux ; la maison Peyrusson, de Limoges, inventeur de nouvelles couleurs sur et sous émail au feu du four pour porcelaines dures ; la maison Saison, boulevard Voltaire, 43, Paris, pour ses reproductions exactes, vieux Chine et vieux Japon ; la maison Schopin, de Montigny (Seine-et-Marne), pour ses belles faïences artistiques, les magnifiques glaces d'Aniche (Nord), les belles verreries de Bagneux, près de Nemours (Seine-et-Marne) ; la maison Veyssière, de Baccarat (Meurthe-et-Moselle), pour ses magnifiques cristaux gravés ; la maison Garnier, boulevard d'Enfer, pour ses magnifiques grisailles, ses superbes vitraux peints et ses beaux médaillons en chiffres.

Classe 30. — La maison considérable de Ch. Boucher et Cie, de Fumay (Ardennes), se recommande par la variété de ses produits, appareils de chauffage de toute sorte, en fonte brute ou émaillée de toutes couleurs, ses superbes boutons doubles pour portes, en fonte émaillée, brevetés, ses boutons en céramique, ses vases pour l'usage culinaire, en fonte argentée, étamée ou émaillée, et sa variété très nombreuse de cuisinières en tôle, dites genre Paris, ainsi que ses poêles flamands, si utiles aux ménages ouvriers ; la maison Mouillet-Roch, de Marly-le-Roi (Seine-et-Marne), pour son thermosiphon hélicoïdal à combustion automatique, pour chauffage de serres ; la maison Choubersky, 24, avenue de l'Opéra, Paris, pour ses poêles spéciaux.

Classe 31. — Cette classe appelle les amateurs de maroquinerie, marquetterie, tabletterie, de jouets, de jeux de société, de brosserie et articles de fantaisie ; les variétés de ces articles sont tellement considérables que leur beauté seule suffit à leur réclame.

Classe 32. — Articles de bureaux et de librairie, de dessins de travaux, de reliure, d'imprimerie, de gravure, de lithographie, de photographie d'art, et le matériel servant à l'enseignement scolaire. Cette classe est si considérable que nous ne citerons personne ; les expositions rivalisent de beauté et de variété, enfin les plus grandes maisons de Paris sont là, ainsi que celles de province, représentées avec autorité.

Classe 33. — Instruments de musique de toute sorte, pianos et orgues des principales maisons de Paris, Nancy, Mirecourt, Château-Thierry et Etrepagny (Eure). Reims, que nous cherchons, n'y est pas.

Classe 34 (groupe 5). — Nos collègues de l'industrie lainière de Reims (1) ont suivi de près cette classe, et leur rapport donnera, c'est certain, des explications qui seront complètes. Cependant nous avons admiré avec beaucoup de soin les

(1) MM. Massonet et Quantin, délégués.

expositions de MM. Poirrier et Mortier, de Reims ; Pâté, de
Neuflize (Ardennes) ; de Tilly, de Reims ; Bossard et Lacassai-
gné, de Reims ; Isaac Holden et fils, de Reims ; Lecomte frères,
de Sedan (Ardennes) ; Lepage et Cie. Les travaux de ramie nous
ont ravis, en voyant les phases succinctes de ce produit, qui devient un si beau tissu. La maison Montagnac, de Sedan ; la
maison Pinon et Guérin, de Reims ; la maison Robert, de Sedan ;
si nous avons cité ces noms, c'est parce qu'ils nous sont connus.

Classe 35. — Vêtements, lingerie, cordonnerie, plumes
fleurs, cheveux, chapellerie, uniformes. Dans cette classe figure
la maison Jalusot.

Classe 36. — Bijouterie, orfèvrerie, pierres précieuses, parures or et argent, articles de luxe et éventails ; peut passer
pour la plus attrayante pour le sexe féminin, aussi tous les bijoux, diamants et parures sont visités de très près par ce sexe
amateur de parures.

Classe 38 (groupe 6). — Classe des gourmets et amateurs
de bons liquides. Nous passons une revue complète de cette
classe, et nous constatons la présence des maisons rémoises ci-
après : Goulet (Henri), de Reims, vins de Champagne ; Boulet,
d'Hauteserre, champagne ; Champion (Jules) ; Gibert ; Manuel ;
Moquet ; Perrinet, de Reims ; Mercier, d'Epernay, etc. Les
meilleurs crus de France sont dans cette classe, au premier
rang des meilleurs crus du monde entier. Quant aux conserves
et aliments, tous offrent aux visiteurs les attraits les plus doux,
au point que les contrefacteurs en sont tentés. Témoin cette
maison allemande qui dut avouer son stratagème, aussi ce n'est
pas la première, et comme le scrupule allemand vient après les
moyens visés, nous aurons beaucoup de peine à voir nos marques respectées tant qu'une bonne et vigoureuse loi internationale ne viendra nous assurer la sécurité complète de nos produits
à l'étranger. Et de même pour les leurs, si toutefois leurs produits tentent assez nos industriels pour s'abaisser jusqu'à cette
fraude de la contrefaçon, qui n'est que le vol au grand jour.
Nous n'avons qu'à veiller et faire bonne garde autour de nos
produits, qui sont exportés en Allemagne, où ils sont démarqués,

pour être ensuite remarqués à nouveau comme étant de fabrication allemande ; tandis que leurs produits sont marqués de marques françaises, ce qui arrrive à faire préférer la marque allemande, et qu'ainsi nos produits, tout supérieurs qu'ils sont, servent d'appeaux pour écouler les produits allemands de fabrication similaire ; comme à l'étranger il y a plus de consommateurs que de connaisseurs, il s'ensuit, par cette fraude qui grandit toujours, que nous en serons bientôt réduits, si une bonne réaction ne s'opère, à voir nos produits se diriger en Allemagne pour lui servir à écouler les siens.

Classe 40. — Huiles et corps gras, couleurs, vernis, etc., alcools et essences pour l'industrie et l'usage domestique, matières de toute sorte, épreuves et échantillons de teinture, gutta-percha caporal et autres gommes, résines, produits de chimie industrielle. Gypses, guanos, carbones et autres engrais artificiels, les eaux minérales de toute provenance ; entre toutes ces maisons nous trouvons la maison Velpry (Cyrille), de Reims, pour ses extraits pharmaceutiques, ses tannins pour les vins et ses produits granulés.

Classe 41. — Verreries, poteries, fûts, boîtes, bouchons, fermetures et autres objets servant à l'emballage, au transport et à la conservation des denrées, etc., outils et échantillons. Nous devons citer la maison Appert frères, de Paris, pour ses beaux verres à vitres de couleur, ses cristaux à tailler, ses émaux, ses couverts et fondants broyés, ses couleurs vitrifiables broyées, pour porcelaines, etc. ; l'importante maison Quillet, rue de la Verrerie, à Paris, pour son assortiment général d'outils pour négociants en vins, distillateurs et brasseurs, enfin ses belles ferblanteries pour marchands de vins, telles que pompes, entonnoirs, brocs, etc.

Classe 42 (groupe 7). — Moteurs à vapeur, pièces démontées, arbres de couches, courroies, transmissions, instruments, appareils, outils d'un usage approprié aux fabriques, manufactures, usines et laminoirs, matériel d'imprimerie, machines à coudre, à tricoter, à plier et à plisser ; l'appareil casco-crémeux et crémeuse simple, de Brixon-Poussard, à Mouzon (Ardennes), ont beaucoup attiré notre attention, et méritent notre réflexion dans ce rapport; la maison Dugougeon aîné, 37, rue de Lyon, à Paris, pour ses scies et autres outils en acier ; les pompes Dumont, de Lille, et rue Sedaine, Paris, centrifuges de toutes puissances pour travaux hydrauliques et publics, ainsi que pour dessèchements ; les meules à moulins de toutes les maisons de la Ferté-sous-Jouarre (Seine-et-Marne) ; la maison Gollot frères, boulevard Barbès, 14, Paris, pour sa serrure à bec de canne ; la maison Leblan (Jules) et Cⁱᵉ, pour ses machines et appareils spéciaux pour fabriquer les rivets, boulons, etc. ; la maison Leblan, Georgy et Cⁱᵉ, de Marquise (Pas-de-Calais), fondeurs; la maison Letestu, dont les pompes sont très renommées et connues ; les presses Marinoni, rue d'Assas, 96, Paris, que nous avons vues fonctionner; la maison Naudin, de Dijon (Côte-d'Or), pour ses pierres en émeri et ses petites scies à découper le bois de chauffage.

Classe 43. — Appareils de physique et de chimie pour l'analyse spectrale, la polarisation, saccharimétrie, météorologie, etc., appareils photographiques et accessoires, instruments de précision, nivellements, diographes, etc. Nous parlerons de la maison Boivin, 16, rue de l'Abbaye, à Paris, dont 24 récompenses suffisent à établir son importance comme constructeur électricien, la maison Jacquinet-Remy, de Reims, pour son rapporteur trigonométrique.

Classe 44. — Matériel fixe et roulant de chemins de fer et tramways, outils, câbles de transport, et autres modèles, carrosserie et charronnage, camions et brouettes, sellerie et bourrellerie. Nous citerons la maison Belvalette frères, 21, avenue des Champs-Elysées, à Paris, pour ses belles voitures ; la maison Bazin, de Valenciennes (Nord), pour ses voitures depuis l'origine du travail jusqu'aux travaux de luxe entièrement terminés.

Classe 45. — Cette classe, sans être considérable comme exposants, est très grande comme exposition, pour tout ce qui sert à la marine, depuis les modèles de bâtiments jusqu'aux produits de calfeutrage, appareils de toutes sortes, instruments, etc., matériel général mécanique et autre servant à bord, accessoires de tous genres, toiles à voiles, cadrans solaires, boussoles, compas, etc. Citons les maisons Fraissinet et Cⁱᵉ, de Marseille ; Bisson, de Paris ; Caillard, du Havre ; Lycy, de Saint-Germain, près Paris ; Sarthe (Henry), cour Rembault, à Lyon, modèles de bateaux-écluses de mer et de bateaux-écluses de fleuves.

Classe 46 (groupe 8). — **Des matériaux. — Réflexions et comparaisons pour et sur les ciments français. —** Matériaux de construction, ornements, habitations et dépendances, fabriques et usines. Citons en tête : le comité de vente des ardoisières de Sainte-Anne et de Saint-Lambert ; Belle-Rose, de Liemery et de Saint-Gilbert, de Fumay (Ardennes) ; le comité est représenté par M. Leleu, agent de vente, et M. Brassart, président. Ces ardoises violettes, rouges et vertes, offrent pour la couverture toutes les ressources possibles pour la création de dessins, en employant la bleue, de la Renaissance, représentée par M. Melotte, ingénieur à Fumay (Ardennes). Toutes ces ardoises de différents modèles sont très belles et recommandables par leur parfaite exécution, soit à la machine ou à la main ; la maison Châteauneuf (Jules) et fils, de Bézières (Hérault), pour ses belles jalousies et abat-jour, système américain, modèle déposé ; la maison Civet, Crouet et Gautier, 5, rue de l'Aqueduc, à Paris, pour ses belles pierres de taille de Lorraine et autres provenances, Lérouville, Euville, roche de Comblanchien, etc. ; les beaux marbres rouges du Languedoc, de la maison Crafford frères, 1, rue Fontaine-Saint-Georges, Paris ; la maison Cellier, de Nevers (Nièvre), pour ses crochets à échappements, pour toitures en ardoises, système nouveau breveté ; la veuve Radenne, de Saint-Junien (Haute-Vienne), pour ses crochets-pince Radenne, employés dans la couverture en ardoises ; la maison Desplanques (Emile), 21, rue de Rocroy, Paris, entrepreneurs de maçonnerie, pour ses pièces de démonstration à l'usage des cours professionnels et d'architecture ; la maison Péret mère, 166, rue Lafayette, Paris, pour ses pierres en blocs, de plusieurs natures que nous n'employons jamais à Reims ; la faïencerie de Gien (Loiret),

que nous avons déjà citée, se retrouve dans la classe 46 pour
ses belles faïences d'intérieur ; la maison Dervillé, 164, quai
Jemmapes, à Paris, Marseille. Bavay, Aulnoye, Jeumont, Valenciennes et Carrare indiquent suffisamment l'importance de
cette maison. Nous avons beaucoup admiré l'exposition de
pierres et marbres de la vallée heureuse de Stinkal et Ferque,
près Marquise et Boulogne-sur-Mer. J'ai débuté à tailler de
cette pierre en 1862, lors de la construction de l'église de Saint-
Pierre-lès-Calais, dont M. Bœswilwald était l'architecte. Cette
pierre très belle, et offrant toutes les garanties de solidité et de
résistance, peut lutter avec avantage, et même une supériorité
marquée, avec toutes les pierres similaires de toute nature,
ses couleurs l'emportent sur beaucoup d'autres, car il faut observer que chaque banc offre une petite variété de tons qui lui
fit donner les différents noms qui suivent : le napoléon, en souvenir de ce qu'un monolithe fut conduit à Paris, lors de la
construction du tombeau aux Invalides, pour servir de socle.
Pour le baptiser complétement, ajoutons qu'il avait été employé lors de l'érection de la colonne dite du camp de Boulogne,
de là ce nom de napoléon ; par sa beauté, l'henriette, ou petit-
rosé, vient du nom et de la fraicheur de la fille du premier ex-
tracteur (car ce n'a pas toujours été la Compagnie nationale,
mais de petits carriers, comme je les ai connus) ; le joinville,
en souvenir de quelques travaux maritimes sous Louis Philippe,
lorsque Joinville était amiral ; le lunel fleuri, par son rapport
avec la couleur du beau vin, et enfin le lunel, par sa couleur
semblable à celle du même vin de Lunel. Parler de la conséquence des carrières, il faut compter plus de cent hectares
quand le massif, à ma connaissance, a plus de 40 mètres de
hauteur, par bancs variant de 38 à 40 centimètres d'épaisseur,
et les surfaces que l'on désirerait. C'est ainsi que les expérien-
ces faites à l'École nationale des ponts et chaussées donnent
comme échantillons soumis à la pression hydraulique, pour en
trouver la résistance à l'écrasement, comme chiffres, six mètres
deux centimètres sur six mètres de large, soit une surface de
trente-six mètres, d'un seul bloc, par trente-huit centimètres,
de haut, et ne s'étant rompu qu'à une pression de 38,500 kilo-
grammes. Cette éloquence de chiffres en vaut bien une autre,
et nous ne lui connaissons pas beaucoup de concurrentes pour

la finesse des molécules ; cette pierre, très compacte, est un marbre en même temps très recherché, et lui a valu d'être échangée, volume pour volume, avec les marbres blancs d'Italie, cela suffit pour indiquer sa valeur au point de vue commercial. La Société des arkoses d'Haybes (Ardennes), ses beaux pavés et moellons granitiques. Ces produits sont depuis longtemps connus dans nos contrées. La Société des ciments français, de Boulogne-sur-Mer et Douvres, n'a plus à faire de réclame, quoique cependant le ciment belge de Cromfestu vient lui faire concurrence sur nos travaux, mais il ne peut y avoir un seul instant comparaison, étant données les preuves de sa qualité éminemment supérieure, qui le font exporter à l'étranger et employer de préférence au ciment belge et au ciment allemand de Meinheir Schifferdecken, etc. Somme toute, la maison Demarle-Lonquéty prime avec avantage, pour la qualité de ses ciments, qui ne trouvent de concurrents que par le prix des autres produis similaires, qui lui sont très inférieurs, surtout ayant à l'œil de l'acheteur et des amateurs la couleur de ces produits. Nous avons bien apprécié la beauté et la qualité des marbres du cap Chenoua (Algérie), cheminées et échantillons de couleur d'un jaune tout particulier, et offrant par place des effets de transparence. La Société des ardoisières de Bois-Chevaux et de Fumay, qui produisit l'échantillon d'un beau schiste ardoisier et une toiture en ardoises.

Classe 47. — La maison Bernhein, de Reims, pour ses extincteurs disséminés à droite et à gauche dans l'Exposition. La maison Dupré (Théodore), à Nantes (Loire-Inférieure), un nouveau système de croisées empêchant l'eau de rentrer dans les appartements. La maison Eiffel (Gustave), à Levallois-Perret, pour son système de ponts économiques en bois, en fer, à portée variable, à des dispositions triangulaires ; dispositions toutes spéciales pour le génie civil et militaire ou les chemins vicinaux. Un pont de ce genre est établi sur le canal de l'Exposition, ayant 21 mètres de portée et 3 mètres de largeur. Cette maison expose des dessins et photographies, d'immenses travaux de ponts et de viaducs, construits par elle pour l'étranger.

Classe 48. — **Fin de la section française.** — **Nos**

remerciements à **M. Aubert, chancelier du consulat français à Amsterdam.** — Nous remarquons la maison Dru (Léon), avec son matériel de sondage et de perforation de puits artésiens, recherches de mines, etc., 69, rue Rochechouart, à Paris. La maison Lippman (Edouard), 36, rue Chabrol, expose comme la maison Dru un matériel de sondage très intéressant, avec leurs énormes tarrières et mèches en vis.

Cette visite minutieuse de la section française, consignée sur les catalogues des exposants, que nous nous sommes procurés, nous ont permis d'abréger nos notes en pointant sur ces livres les exposants qui ont le plus attiré notre attention.

Nous sommes évidemment sortis du cadre de nos attributions, mais pour abréger nos visites, tout en augmentant nos résultats, nous nous étions informés s'il ne serait pas possible de pénétrer dans l'Exposition avant l'ouverture au public. Cette autorisation nous fut gracieusement accordée par l'intermédiaire très précieux de M. Aubert, chancelier du consulat général, commissaire adjoint de la République française à l'Exposition d'Amsterdam, qui a bien voulu, devant ce désir de travailler sérieusement, s'en occuper lui-même ; aussi nos respects et nos remerciements sincères lui sont acquis pour ce dérangement que nous lui avons causé. De sorte qu'avec cette autorisation de M. Haas, chargé de la direction de l'Exposition, nous pouvions entrer le matin à huit heures, tandis que le public n'entrait qu'à dix heures. C'étaient deux heures pour nous qui en valaient bien quatre pour le travail que nous avions à faire et surtout sans être dérangés par le public, qui vous coudoie et vous force d'avancer sans pouvoir scruter tous les détails de sujets attrayants.

SECTION BELGE

Description de la partie principale de cette exposition, nos considérations et réflexions sur l'ameublement exposé par les fabricants belges, la fraude industrielle démasquée. Nous aimons mieux la menuiserie belge.— La Belgique couvre une surface inférieure à la France d'environ trois mille mètres ; son exposition est aussi très intéressante pour nous, et nous avons avec la même sollicitude examiné ses produits multiples.

Nous exquissons rapidement ce qui a le plus excité notre attention ; ses galeries, et principalement, la galerie centrale est très bien aménagée, et offre un bel effet de décors. Cette galerie est meublée à peu près de ce que la Belgique offre de mieux au goût des visiteurs : une belle tapisserie de Flandre ou imitation représentant la Hollande au XVIe siècle, de M. Jules Lefèvre, rue du Miroir, à Gand. Cette tapisserie, mi-peinture et mi-tapisserie, est d'un très bel effet. M. Tasson, rue du Chêne, à Bruxelles, expose une face de salon Louis XVI, peinte sur soie, et d'un coloris très discret, sans être chargé comme détails, est par sa sobriété de dessins d'un très bel effet. Les panneaux de porte sont peints sur tôle et cuits au four, comme la peinture sur porcelaine, c'est dire la fraîcheur de ce motif de peinture aux mille couleurs tendres. M. Braquenier, de Malines, expose une superbe tapisserie imitant celle des Gobelins, représentant Louis XI recevant la soumission de Gantois. Tel est, nous croyons, le fond du sujet de cette pièce importante.

Classe 25. — Il y a de beaux ameublements, et nous les trouvons ayant ce cachet que nous ne retrouvons que dans notre section, quand de petites indiscrétions nous apprennent que des recherches sont faites par un exposant français pour trouver le véritable lieu d'origine de ces meubles au goût si particulier à la fabrication parisienne. Depuis, nous avons la certitude de ces faits, aussi nous en tenons compte (1). Nous n'accepterons dans cette galerie que ce que nos goûts et notre modeste connaissance nous indique dans cette industrie, qui peut être réellement belge, la différence nous a frappés d'abord dans l'architecture des meilleures constructions modernes de Bruxelles, que nous avons visitées, et qui offrent un caractère bien différent avec notre architecture française moderne, concernant le bâtiment.

Cette ligne d'observations tracée, cette galerie n'a plus pour nous le même intérêt qu'à notre premier examen, aussi c'est pourquoi, dans les sections étrangères touchant de près nos

---

(1) Une enquête a été menée par un fabricant français de Paris, qui a réussi à démasquer le procédé employé par celui à qui on destinait le premier prix. Nous rendons hommage à la sagacité du champion français et parisien.

styles et habitudes, nous y passons plusieurs fois pour bien faire la différence avec la nôtre. Nous croyons avoir suivi une bonne inspiration, car il faut toujours nous défier de l'engouement que l'on peut avoir pour ce qui est comme primant dans notre jugement la faconde de notre exposition vis-à-vis des autres.

Nous citerons la maison Bonnefroy, de Bruxelles, place de Louvain, ses sculptures et dorures, décorations en plâtre et carton-pierre, cadres de cheminées, tableaux et lambris, qui sincèrement sont très beaux. La maison Houstont, sculpteur, chaussée de Charleroi à Bruxelles, les spécimens d'objets divers exécutés dans différents monuments. Les papiers pour tentures de la maison Olin fils, rue de l'Etuve, 66, à Bruxelles. La maison Snyers (Constant) et Grandjean, à Herstal-lès-Liége, ses belles serrureries d'art et crémones. La serrurerie artistique de style ancien et moderne de Viroux-Michotte, à Ciney. Une belle grille de parc et objets d'art en fer forgé représentant une table triangulaire surmontée d'un bouquet de la maison Wuyts, d'Anvers.

Comme menuiserie, certes, la Belgique offre à l'Exposition de très beaux spécimens que nous préférons comme sincérité du travail belge aux travaux d'ébénisterie de luxe, sur lesquels nous reviendrons difficilement comme jugement favorable à cette industrie, car notre désillusion sur ce point vient, nous ne devons pas le cacher, de la supercherie de ce fabricant belge que nous regrettons de ne pouvoir nommer.

La maison Goyers frères, à Louvain, a exposé une chaire à prêcher sculptée, vraiment bien exécutée. La maison Huts, à à Bruxelles, a produit une très belle cheminée renaissance en bois sculpté, représentant les arts réunis, qui vaut franchement la peine d'être examinée. La maison Wauters-Hoekx, à Molembeck-lès-Bruxelles, expose un cadre de glace en fer forgé assez curieux et bien exécuté. La maison Willems, à Tongres, expose des papiers peints, imitation d'étoffes de laine et soie, et qui offrent une grande satisfaction aux visiteurs.

Classe 29. — L'Agence générale de vente des glaces belges, rue de Jéricho, 7, à Bruxelles, a fait une très belle exposition de glaces des usines de Sainte-Marie, d'Oignies, de Florelle, de Roux, de Courcelles, etc , qui mérite notre satisfaction. Mademoiselle Louise Braussart, à Saint-Josse-ten-Noode-lès-Bruxelles, expose de magnifiques porcelaines peintes. Mademoiselle Bru (Jeanne) également, ces deux artistes rivalisent avec succès. Nous remarquons les vitraux peints des styles XIIe au XVIIe siècle, très bien réussis et parfaits comme dessin, mais tenant un peu trop, il nous semble, au dessin moderne, surtout dans les premiers styles, car à notre sens le dessin pourrait être, comme le prouvent les précieux spécimens de nos édifices, un peu plus naïf qu'il ne l'est dans ceux de M. Capronnier (Jean-Baptiste), de Bruxelles ; toutefois nous nous inclinons devant le titre d'officier de Léopold, qui fut sans doute la récompense de son talent de peintre verrier. M. Comère, rue de la Broie, 22, à Bruxelles, expose des glaces Louis XVI, verre bleu gravé, baigneuse et paysage, vitrail d'église, et une assomption de la Vierge, qui sous le rapport de l'exécution montre une franchise de dessin qui vaut certainement quelque chose. M. Couche (Samuel), en Zonen, de Bruges, expose de beaux vitraux Notre-Dame, la conversion de saint Hubert, et des carrelages pour peintures murales, représentant la création, ce qui n'est pas sans laisser une bonne impression du talent de l'artiste, qui est chevalier du Saint-Sépulcre. M. Fontana, de Saint-Josse-ten-Noode-lès-Bruxelles, expose des vitraux peints, pour appartements, offrant une idée du luxe que peut produire ces vitraux dans les appartements disposés pour recevoir de si belles choses. Nous citerons encore Mlles Jeanne et Marie, de Bruxelles, rue Rogier, 244, qui ont exposé de belles faïences artistiques, et Mlle Marie-Jeanne, rue du Midi, à Liége, qui a exposé en peinture céramique un grand vase renaissance, comme pièce de milieu. Dans cette classe, ce n'est que vitraux, émaux et faïences artistiques d'un plus ou moins grand intérêt, mais en tous cas très nombreux, et auxquels il faut joindre de belles céramiques.

Classe 33. — Classe intéressante de musique à cordes et à vent, orgues, pianos, orchestrions, violons, etc., variétés très grandes et très belles pour les amateurs.

Classe 34. — Tissus en tous genres (cette classe sera sans doute décrite par nos collègues de Reims).

Classe 37. — Liége brille par ses armes de toutes sortes, et nous y avons vu le fusil de la maison Piéper, rue de Bayard.

Classe 46. — Matériaux de construction, ornements, etc. — Matériaux de construction, ornements, etc. La Société anonyme des carrières de Rombeaux a exposé un perron monolithe en petit granit bleu. Ce perron, très bien taillé, comme l'est généralement cette pierre par les ouvriers belges, leur étant si familière, ne réprésente pour nous qu'un excès de travail pour ce genre, qu'il eût été beaucoup plus simple d'exécuter comme le comporte l'habitude de faire ces sortes d'ouvrages ; les deux limons et les six marches, avec un palier d'environ 80 centimètres, n'ont été, selon nous, qu'un surcroît de peines et de fatigues pour l'ouvrier chargé de le tailler. Ceci dit, nous allons tâcher de faire comprendre pourquoi ce dire de notre part, sans vouloir médire, au contraire. Nous disons que ce perron coûterait moitié moins cher en morceaux d'appareils que d'un seul bloc, ensuite il serait plus conforme aux règles de l'art de construire, le fournisseur économiserait de la matière, et le client à qui il sera fourni débourserait moins ; voici pourquoi toutes ces observations : pour faire ce perron tel qu'il est (monolithe), il a fallu un bloc de granit aussi gros que toutes ses plus grandes dimensions l'exigent. Que l'on prenne le cube avant le premier coup d'outil, et qu'on le prenne après, il y aura moitié moins que le cube précédent, et cela par la forme rampante qu'offre un perron. Pour obtenir cette coupe rampante de la face du perron, il aura fallu abattre toutes les parties d'avant, en prenant du devant à la hauteur d'une marche.

Pour aller jusqu'à conserver au sommet dudit perron la portion qu'il faut pour y découper le limon au-dessus du palier, il aura fallu évider ce que le limon excède des astragales des marches, il aura fallu refouiller les hauteurs de marches les unes après les autres, ensuite débillarder les deux limons extérieurement, former la volute de ce limon, tout en galbant et le limon et la première marche, qui est en saillie de la volute du limon. Lorsqu'on aura fait ces opérations, il faudra après dégager la hauteur du limon au-dessus de la marche palière, qui est environ (en contre-bas du sommet du limon) de la hauteur d'une marche, et toutes ces opérations successives n'auront encore produit que l'ébauche. Viendra ensuite la taille, et sur de la pierre si dure, les positions sont très fatigantes, parce que cela ne va pas vite, il faudra dégager les astragales, les mouler, et enfin viendra le layage avec ce maillet si lourd, qu'il faut manier si lentement pour faire un travail propre. Ce bloc sera manœuvré peut-être vingt fois avec des crics, donc il faudra plusieurs hommes pour ce travail, et alors le perron sera achevé.

Maintenant, que l'on ait pris le nombre d'heures passées pour faire ce travail, il est certain que le même ouvrier, en faisant le même perron par morceaux, comme il convient de le faire, y passera moitié moins de temps, si toutefois il ne gagne pas, en raison de la facilité, un quart peut-être de la moitié du temps passé au premier perron. Nous ne voulons par là que démontrer l'inutilité d'exhiber un travail onéreux pour tous, sauf pour le fournisseur, qui aura trouvé moyen de fournir beaucoup de matières ; seulement, si ce perron ne coûtait que son prix réel, on pourrait en acheter plus facilement, et comme avec un on en eût fait deux, il s'ensuit que l'ouvrier aurait fait un travail qui aurait doublé tout en n'employant que la même matière.

Puis, pour conduire à destination un poids aussi lourd, il faut un matériel de transport exprès, le bardage est plus difficile et plus dangereux, quand autrement tout est plus facile et puis ça ne serait pas ce meuble.

Voilà notre appréciation sur ce point concernant ce perron que nous n'avons qu'à louanger tant il a coûté de fatigues qu'à dû supporter l'ouvrier.

Dans cette classe 46, la pierre de Belgique abonde, quoique dans ce pays il n'y a plus beaucoup de variétés, et cette abondance n'est due qu'à la quantité d'exposants des mêmes produits, aussi n'en citerons-nous que quelques-uns des principaux, ou plutôt ceux qui ont exposé des pierres ayant un attrait plus particulier que d'autres, car sur cinquante-six exposants de pierres, granits, marbres noirs ou rouges, pavés, etc., beaucoup n'exposent que des mêmes produits qui, par conséquent ne feraient qu'augmenter ce rapport inutilement. Nous citerons la maison Courtois-Lepage, à Liége ; la maison Hachez-Desmettre, à Soignies, qui a exposé des tranches de petits granits de 4 mètres sur 3 mètres 75, n'ayant que 15 centimètres d'épaisseur. La maison Cousins et sœurs, à Ecaussines, expose des grandes dalles ; la maison Maréchal, à Poulseur, un bloc de granit brut de 4 mètres 50 et des tranches sciées. La compagnie des marbres de Schemton, à Liége ; la maison André Empain, de Bruxelles, marbre rouge, griote et malplaquet ; la maison Paternote et sœurs, à Arquennes, une porte en petit granit pour entrée de parc avec une grille en fer forgé ; la maison Gautier et Lestienne, à Soignies ; la maison Blondeau frères et sœurs, à Ecaussines et Enghien ; la maison de Cœne et Bruniaux, sculpteurs à Bruxelles, cheminée Louis XVI, marbres rouges et bronze, destiné à l'hôtel Lateni, à Anvers ; la maison Dekeyser, ses travaux en fer forgé (1) ; la maison Dufossez et Henry, à Cronfestu. Divers motifs d'architecture en ciment de portland belge qui nous ont paru peu réussis sous le rapport de cette application du ciment à des travaux qui ne sont pas en rapport avec son origine, nous laisse croire que le ciment de Cronfestu a besoin, pour son meilleur emploi, de remplir un autre rôle que celui du vrai portland de Boulogne, qui est employé en travaux hydrauliques ; la maison Brussine, à Bruxelles, expose une fenêtre gothique en pierre blanche de Gobertange. Ce travail n'est pas mal fait, mais le côté le plus désastreux, c'est que cette pierre ne produit pas d'assises plus hautes que 15 centimètres au plus ; le travail coûterait donc très cher pour la taille, ou alors l'employer en surfaces unies ; en France on maçonnerait simplement avec de pareils matériaux.

Citons quelques carrières de pavés, les Sociétés de Lourthes et de Poulseur, pour leurs pavés de routes et trottoirs ; somme toute, l'exposition belge est intéressante à bien des points de vue, soit bois, fer, pierres de toutes sortes. Dans notre résumé, nous parlerons de la construction en Belgique, en ne donnant

____

(1) La maison Dekeyser exposait un fragment de la grille de l'hôtel de ville de Reims, nous en parlons plus loin dans nos considérations sur les travaux publics et les adjudications comparées de la France et de la Hollande.

nos impressions que sur Bruxelles et Anvers, où nous avons séjourné en allant et en revenant.

SECTION HOLLANDAISE

Classe 24. — La maison Voogel frères, d'Amsterdam, a exposé un très beau buffet de salle à manger en vieux chêne, vieux style de la renaissance hollandaise, une très belle porte de salon de la maison Wolff, d'Utrecht; les meubles sculptés de la maison Bouhuys, d'Amsterdam, nous font passer un temps agréable à les admirer. Le bois de lit en chêne avec rideaux et matelas de la maison Beausart, à Schiedam, vaut un bon point pour sa parfaite exécution ; de même la maison Bekebrède, à Ilpendam, qui a exposé une belle chaire à prêcher sculptée, vaut certainement la peine que nous en parlions, car ce travail parfait offre cet avantage d'un style un peu fantaisie qui n'est pas sans charme. La maison Jansen, d'Amsterdam, expose de beaux meubles sur tous points sculptés et parfaits.

Classe 25. — La maison Bauer, d'Amsterdam, nous offre de belles peintures murales savamment exécutées, les travaux de décoration de la maison Cohen, d'Arnehem, fixent notre attention pour ce genre de travaux. Les beaux tapis de Deventer sont très coquets et frais. La maison Vriés, de Gronningues, a de très belles peintures décoratives et des peintures genre Gobelin. La maison Vivéen, d'Utrecht, expose des peintures sur verre qui se recommandent à l'attention des visiteurs. De même les tapis de la maison With, de Hilversum ; la maison Meyers, de Ruremonde, a exposé deux candélabres superbes et un lustre en fer forgé d'un goût très distingué et offrant toutes les qualités de l'art.

Classe 29. — Nous admirons les fleurs artificielles de la maison Georgé, de la Haye, ainsi que les superbes terra-cotta et faïences de Deventer de la maison Grollemann et Nierdt, enfin les fines porcelaines et faïences de la maison Schoon, d'Amsterdam. N'oublions pas que la Société céramique de Maëstrich, a une splendide exposition de faïences fines et céramiques de toutes espèces qui font nos délices. Enfin la faïence de Delft, de la maison Thooft, à Delft. Nous admirons les modèles de taillerie de diamants de la maison Coster, d'Amsterdam, travail très intéressant à voir.

Classe 33. — Cette classe offre également une variété d'instruments de musique de toutes sortes, depuis le flageolet jusqu'à l'orgue monumentale.

Classe 35 (groupe 5). — **Tissus.** — **Nos collègues de Reims la connaissent.** — Rentre dans les études de nos collègues de Reims, ne renfermant que des tissus en tous genres.

Classe 36. — **Des diamants, toujours des diamants.** — Cette classe est sans contredit la classe des richesses. Nous constatons que quarante-huit exposants, sur cinquante-deux, n'exposent que des diamants, ce qui fait penser que l'on se trouve, non dans le pays des diamants, mais dans celui qui les taille pour le monde entier.

Classe 46. — **Matériaux de construction et ornements.** — La maison Ambachtsheer et Meulen, d'Amsterdam, les bois du pavillon du roi pour la grande salle méritent que l'on s'arrête pour admirer ce beau côté de la charpente apparente, et la netteté de ces bois employés à la construction du pavillon royal. La maison Hamburger, à Utrecht, expose une belle collection des travaux de plomberie, plomb laminé, tuyaux de plomb, tuyaux étamés à l'intérieur et à l'extérieur, tuyaux en composition, zinc laminé, ondulé, ardoises en zinc et cuivre. La maison Debrichs et Goldens, à Bruten, expose de belles briques en terre cuite et des dalles artificielles. La maison Ridder, d'Utrecht, qui expose de belles tuiles et carrelages très variés.

Nous remarquons beaucoup l'exposition de M. Kniep, artiste serrurier à Utrecht, qui expose tous les travaux de serrurerie de la chapelle de Tepe. Les beaux vitraux de la maison Lommen, à Rœrmonde, ainsi que ses pierres émaillées.

Le Pavillon royal. — **Conclusions sur la Section**

hollandaise. — Sa magnificence est telle que, pour s'en rendre compte, il suffira de dire que quarante et un entrepreneurs, artistes et fournisseurs ont contribué à la construction de ce petit joyau, rappelant assez les styles Louis XIV et Louis XVI. C'est dire que, tant pour l'architecture que pour l'ameublement et la décoration, il ne laisse rien à désirer. Ce petit édifice est construit en pierres, briques et bois, pour le gros-œuvre, et tout nous a paru exécuté pour être examiné de près. Cette exposition des produits de la Néerlande, très complète, composée de milliers d'objets d'art, de meubles, bijoux, de travaux en fer et bois, de matériaux de construction, se répète pour beaucoup de choses bien des fois, de sorte que, comme pour la section belge, nous ne pouvons citer toutes les maisons qui ont exposé ces produits, soit en plus ou moins grande quantité.

Notre impression est excellente sur cette section hollandaise, et l'intérêt est constamment tenu en éveil, tant par l'originalité que par l'utilité ou l'emploi des objets exposés.

Exposition coloniale néerlandaise. — Description du Palais et des produits. — Considérations et conclusions. Aussi, pour compléter nos descriptions, nous allons décrire la splendide exposition des colonies néerlandaises, qui occupent tout un palais d'un genre maure rappelant assez les dispositions du palais de l'Alhambra; en général, tout ce que l'Algérie produit de plus gracieux, comme architecture mauresque. D'abord son grand portail, cintré en fer à cheval, offre un aspect superbe, flanqué de ses deux tours octogonales, son dôme central est de belle courbure. Les tours qui flanquent le palais sont doublées de moins importantes, qui se répètent par travées ou grandes divisions à droite et à gauche du portail. Ces divisions sont remplies par des arcades cintrées comme le style l'exige. Ces cintres sont supportés par de gracieuses colonnes torsées de moulures élégantes et qui sont couronnées de chapiteaux rappelant la fin du XIII⁰ siècle.

Ces arcades sont superposées d'autres formant ainsi une magnifique *loggia*. Toutes les tours octogonales sont couvertes en dômes, surmontées de petites coupoles couronnant d'une façon majestueuse cette façade d'un beau palais mauresque qui renferme toutes les raretés de la production coloniale de la Hollande.

C'est une profusion de toutes sortes de plants et de plantes rares et utiles, depuis le café et le chocolat jusqu'au poivre, la cannelle, ses résines, succints, ambres, ses riz, ses blés de toute nature, collections très variées, ses bois rares et beaux, ses métaux précieux et ordinaires, ses fruits et ses fleurs, ses cristaux de roche, ses tabacs sous toutes les formes, ses produits de chasse et de pêche, etc.

La belle collection d'animaux de ces pays, ses ivoires ouvrés qui ne sont autres que d'énormes défenses d'éléphant toutes déchiquetées à jour, chef-d'œuvre de patience s'il en est, rappelant depuis le petit bout jusqu'au plus grand, cinquante et cent fois le même sujet, et toujours aussi bien traité au commencement qu'à la fin. Quel travail d'Indien ! c'est-à-dire de patience. Huit défenses semblables, plus belles les unes que les autres, sont l'admiration des connaisseurs et amateurs, qui peuvent ainsi se rendre compte de l'art et du travail de l'ivoire en Asie. Ses maisons indigènes, ses outils aratoires primitifs et naïfs, ses pagodes, et surtout ses préparations colossales de ponts en bambou, qui relient, comme ceux de nos fleuves les plus grands et sans piles, les deux rives de ces fleuves, nous étonnent et nous ravissent par leur structure et leur genre de construction si naturelle et si savante. Il y a des types de ponts qui, en réalité, peuvent rivaliser comme art et beauté, avec nos plus belles constructions de ce genre, car si maintenant l'Européen construit dans ces pays, sur ces fleuves et torrents, des ponts plus solides et plus forts, il a la science et l'industrie qui l'aident. Le progrès a mis à sa disposition tous les moyens de réussir, et d'aller planter, au milieu de ces fleuves et torrents, un point d'appui que ces hommes, les indigènes, n'avaient pas, eux, cependant ils ont vaincu les difficultés et franchi les obstacles avec des moyens si simples qui, si on ne les voyait pas, sembleraient incroyables. Nous aimons à voir nous-même ces preuves du génie, quel que soit son genre.

D'ailleurs, les photographies des sites de l'île de Sumatra, de Java, des Indes néerlandaises, où se trouvent toutes les constructions étonnantes de ces ponts en bambous dont nous parlons, nous prouvent qu'il n'y a pas à douter. Enfin notre admiration est acquise à cette exposition des colonies, desquelles nous voudrions tout dire.

Citons cependant les travaux de défense des Indous, qui sont des constructions en bambou assez élevées, dont le voisinage est entouré de milliers de pieux reliés entre eux par des attaches en cordes, de façon à produire un inextricable réseau impossible à franchir en cas d'assaut, et qui, en raison des armes d'aujourd'hui, devient inutile, mais qui prouve que dans leurs guerres entre peuples voisins, les moyens de défense ne sont pas négligés.

SECTION ALLEMANDE

Sa description. — L'Allemagne expose beaucoup de fer, son exposition, de couleurs sombres, jure et fait un contraste dans la galerie centrale, avec toutes les autres expositions. Du fer partout, il semble que lorsqu'on s'arrête dans ce coin du fer, on a froid. Citons l'atelier de Krupp, à Essen-sur-Ruhr, qui brille par l'importance de ses produits ; on se rend compte que l'Allemagne a été très réservée à l'Exposition d'Amsterdam, et que ce qui est là devant nos yeux ne veut représenter que le commerce et les affaires, sans autre souci : point d'exhibition inutile. Là une énorme hélice de navire américain, debout comme un hercule, offre aux visiteurs un beau spécimen du travail de la métallurgie; des rails, des roues de locomotives, de wagons, des vis énormes, des câbles en fil de fer, et toujours du fer. Un canon est là avec son attirail, se composant de trois mulets en fonte, tout harnachés et portant, comme notre artillerie de campagne, chacun sa charge de la pièce, l'un l'affût et les roues, l'autre la pièce, et le troisième les munitions. Des barres énormes de fer plat et carré sont tordues, indiquant la puissance que veut imposer l'Allemand à tout ce qui veut lui résister, car nous n'y pouvons voir qu'une allusion dans ce sens. Pourquoi exposer d'aussi grosses barres de fer rouillées, tordues il y a déjà longtemps, et que, malgré le temps, ils laissent dans cet état, voulant par cela prouver sans doute que, selon l'expression du chancelier de fer, la force prime le droit. En effet, la force a tordu là ce qui était droit. Nous nous souviendrons toujours de ces fers broyés comme des bâtons de pâte, de guimauve.

Classe 46. — Matériaux de construction ; description et conclusion sur ces points. — Nous citerons l'exposition personnelle de la maison Holzmann, de Francfort-sur-le-Mein, pour ses matériaux de construction très nombreux et très beaux, de briques moulées de toutes sortes de façons, à moulures et autres, sont d'une qualité vraiment supérieure, véritables briques d'acier parfaitement correctes ; sa menuiserie de sapin n'est pas très intéressante, si ce n'est les fenêtres et les persiennes, qui sont très belles ; quant à son mobilier rustique sans clous, tout à clefs, ça n'a pour nous d'autre effet que de montrer ce que l'on peut assembler sans clous, chevilles et vis, mais il suffit de dire que le bois en séchant se retire, et que tout ce bel assemblage joue et n'a plus de solidité. Nous avons remarqué une belle bibliothèque et de belles rosaces en plâtre ses modèles réduits de beaux bâtiments exécutés en Allemagne nous ont paru exécutés avec beaucoup de goût ; somme toute, cette maison Holzmann avait à l'Exposition d'Amsterdam de beaux spécimens de ses produits fabriqués et naturels, car ses pierres taillées, en grès rouge, indiquent que les ouvriers n'ont rien ménagé pour affirmer aux connaisseurs le beau côté de leur expérience de la taille de la pierre. Dans cette classe 46 comme dans toutes les autres sections, c'est la classe des matériaux ; aussi l'Allemagne n'a rien négligé pour y produire ses plus beaux produits de terre cuite et céramique : des cheminées, des statues en terre cuite pour jardins, des pierres factices, du granit, du porphyre, du tuf, de la pierre de lave et volcanique, du ciment de Portland, dont l'importation en Hollande est très grande, et surpasse l'importation française pour l'emploi de ce produit dans les travaux, non qu'il soit meilleur, mais parce qu'il coûte meilleur marché. Ses zincs ornés sont très nombreux, mais ne sont que ce que nous avons généralement sous les yeux. Ses beaux ponts métalliques en réduction offrent au visiteur un moment d'étude par leur importance, de sorte que l'exposition allemande a cet avantage de réunir beaucoup de sortes de produits, mais qui, comme dans les autres pays sont la représentation d'autres déjà semblables.

Les machines, wagons, tramways, voitures de place, sa grotte de houille, et la houille Bismarck, qui est couronnée du buste de l'homme d'Etat prussien, et enfin Meinhen-Mausssen, avec ses fusils à aiguille et revolvers. et à répétition.

Notre impression sur l'exposition allemande est assez favorable, car nous avons reconnu que, concernant le travail de la fabrication des briques, en général toutes les terres cuites, il faut réellement un outillage extraordinaire pour pouvoir répondre à toutes les exigences d'une production aussi variée que ce qu'a exposé Holzmann, et ensuite les maisons Pabst, Rietzler, Muller, Hergenhahn et Oderno, etc.

Ces produits sont plus beaux que ceux de la Hollande, mais ils doivent coûter plus cher.

SECTION D'AUTRICHE-HONGRIE

L'Autriche-Hongrie n'a rien qui peut nous être utile, quoique cependant son exposition ne laisse rien à désirer; cette section ne couvre d'ailleurs que quatorze cents mètres de surface, et dans la classe des matériaux, nous ne trouvons qu'un plan d'un architecte de Vienne, puis des pierres serpentines pour constructions.

SECTION ANGLAISE

La Grande-Bretagne et l'Irlande n'ont que 272 exposants, ses matériaux de construction sont très rares, sauf quelques briques réfractères, des marbres artificiels, des tuyaux pour gaz et égouts. Parmi ses produits émaillés, il en est certes qui sont beaux, le lilonéum, les tapis, les carpettes, et un immense coffre-fort, où il y a un lit, une table et une chaise, pour un gardien installé à l'intérieur. Du papier à décors, de la coutellerie, des machines, des métiers à tisser. de la quincaillerie, des marteaux-pilons, des machines à planer et à fileter, une belle grue à vapeur, un bel excavateur fonctionnant tous les jours. Quelques petites mitrailleuses de campagne pour service des colonies, et principalement de montagne, des fusils à répétition à plusieurs canons. Enfin nos visites ne nous font qu'apprécier et comparer ce que nous voyons dans les autres sections, sans augmenter notre bagage de renseignements.

SECTION RUSSE

La Russie, qui n'occupe que mille mètres carrés, n'a de particulier que ses papiers peints de la maison Krotof, de Moscou Oukonine, de Tsarskoé, qui occupent trois cents ouvriers annuellement ; après quoi nous citerons en passant dans la classe 34 les trente et un exposants de cette classe, qui occupent un total réuni de 39,150 ouvriers dans tous les genres de la fabrication des tissus de toutes sortes, popelines soie, fil et coton, demi-laine et coton, reps, alpaga, satin, cachemire, coutil linge, tricots, draps, cotons, indiennes, cretonne, châles, mouchoirs, brocards d'or et d'argent, velours, damas, brocatelle, étoffes pour meubles, lustrine, couvertures, broderies, tulles, dentelles, serges brillantine, grenadine, etc., et nous en passons ; cette classe a dû être intéressante à visiter pour les délégués des tissus en général. Nous remarquons que tout ce qui est exposé dans cette section indique le prix de fabrication et le nombre d'ouvriers employés. En fait de matériaux de construction, nous ne trouvons que la maison Boukvostoff, à Orel, parties de constructions en bois miniature.

SECTION ESPAGNOLE

L'Espagne, nulle pour nos recherches, sauf de bons vins, des fruits, etc. ; enfin, dix-sept exposants en tout.

TURQUIE

La Turquie, comme l'Espagne, a peu de chose, neuf exposants, des bijoux, des parfums, du tabac, de la confiserie, des boissons, etc.

GRÈCE

La Grèce a en tout deux exposants, l'un en vins et l'autre en essence de rose.

SUÈDE ET NORWÈGE

Des portes en sapin, des moulures, des fenêtres, des bois rabotés, des fers à cheval, des serrures, beaucoup de produits agricoles, des liqueurs, des allumettes, de beaux papiers peints, des marbres polis et des marches d'escalier, des pâtes de bois pour fabrication de papiers, quelques machines et des canons.

SUISSE

Des montres et tout ce qui concerne les pièces du mouvement, du lait condensé, du kirsch, du vin blanc et rouge de Cortaillod, du vermouth ; en fait de matériaux, de l'asphalte.

PERSE

La Perse a une très curieuse exposition de tissus, bijoux, tapis, deux tables en cuivre déchiquetées à jour ; ses belles étoffes, ses faïences porte-parfums, ses châles, ses instruments de musique, ses matières végétales pour teintures, etc., offrent aux visiteurs et amateurs bien des choses qui ont leur cachet d'originalité qui flatte l'œil.

ALGÉRIE

Exposition coloniale algérienne. — Détails, réflexions sur la colonisation. — Des avantages de notre système. — Il faut plus d'encouragement. — Notre colonie algérienne est fort belle et très intéressante à visiter, ses marbres, ses bois, ses plantes et semences, ses minerais, ses vins nombreux, ses outils, ses armes, ses équipements arabes si curieux, offrent aux visiteurs une idée très nette de ce que sont nos belles provinces d'Algérie. Là, nous regardons encore la filasse de ramie et ses tissus variés. Notre colonie française offre bien des ressources précieuses à notre France, elle a déjà coûté beaucoup, et cependant bien des sacrifices restent encore à faire, car il faudrait au colon qui va sacrifier sa vie et le peu d'avoir qu'il possède, il faudrait, disons-nous, plus de sécurité, il faut lui donner, avec cette sécurité du lendemain, les moyens de pouvoir faire face aux premières années de besoin, que le travail impose en même temps que l'outillage nécessaire au défrichement de ces vastes plaines incultes, contre quoi il ne peut pas lutter seul. Mais ce n'est pas, livré seul sur cette terre en friche, ingrate pour le travail des trois premières années, isolé, perdu pour ainsi dire, sans moyens de communication directe et proche, que le colon, ce soldat laboureur, peut résister, si on l'encourage beaucoup plus.

Notre système de colonisation n'est peut-être pas bon, ou du moins les débuts, car en réalité le Français qui s'expatrie doit trouver, avec le dévouement qu'il donne, la récompense de son dur labeur, l'eau n'est pas toujours à discrétion, ces choses si élémentaires et si utiles font réfléchir ceux qui, par dévouement autant que par désintéressement, quitteraient la France pour aller ouvrir de nombreux sillons dont les produits seraient si appréciés en France. Nous le répétons, les sacrifices d'argent ne doivent pas se faire attendre, surtout quand cela produit de quoi augmenter la richesse publique et nationale.

Combien d'ouvriers que la concurrence force au chômage ? Combien durera ce chômage ? Dans certaines industries, il durera trop longtemps, car il en est que l'industrie a pris le chemin de l'étranger, au moins en Algérie, avec ce qu'il faut, beaucoup prendraient-ils la détermination d'y aller ?

Mais les exemples de déception de ceux qui y sont allés, et n'ont pas eu de résultat, ou qu'une insurrection, au moment d'en avoir, est venue détruire leurs espérances ainsi qu'un membre ou deux de leur famille, quand, pis encore, tous n'y ont pas trouvé la mort.

Le colon est la sentinelle avancée et perdue de la civilisation et du progrès, sa situation le rend intéressant à tous les points de vue, et quoique nous ne doutions pas que notre pays fait beaucoup, nous voudrions voir encore agrandir ces avantages des travaux des colons (1).

L'Allemagne, de son côté, crée, à l'heure présente des colonies. — Elle l'a fait à son heure, brusquement, avec éclat, après une longue et silencieuse préparation. Trouvera-t-elle des obstacles ? C'est possible. Jusqu'à présent, toutefois, le succès a couronné ses efforts.

(1) Ces lignes, écrites en 1883, avaient un intérêt qui n'a pas encore diminué ; au contraire, c'est bien là la politique bismarckienne, qui est bien décrite dans l'extrait du journal le *Courrier de la Champagne*, que je joins comme corollaire au passage de ce rapport sur les réflexions coloniales de l'Allemagne.
Cet article est du 3 avril 1885.

Il nous a paru curieux de rechercher, dans les discussions du Reichstag, comment a été définie cette politique coloniale inaugurée par le puissant Empire. Un discours du chancelier, M. de Bismarck, nous révèle nettement sa pensée et nous a semblé contenir d'utiles enseignements :

« Je n'ai pas encore, a-t-il dit, renoncé à mon antipathie contre les colonies, je veux dire contre celles qui acquièrent une langue de terre pour s'y établir, s'efforcent ensuite d'y appeler des immigrants, nomment des fonctionnaires et installent des garnisons. Je ne crois pas que l'on puisse artificiellement fonder une colonie, et loin de nous la pensée de créer un port là où il n'y avait aucun mouvement commercial, de bâtir une ville dont les habitants étaient encore un mythe.

» Dans le système que j'appellerai le système français, l'Etat veut chaque fois décider si l'entreprise est sage, et s'il y a lieu d'en augurer le succès ; dans notre système, nous laissons le choix au commerce, à l'individu, et si nous voyons que l'arbre prend racine, pousse et appelle la protection de l'empire, nous l'assistons.

» Nous laissons à nos concitoyens, négociants et marins, la responsabilité, tant du succès matériel de leurs colonies, que de leur activité et de leur extension ; mon intention est de procéder bien moins par l'annexion de provinces transatlantiques à l'empire allemand, que par la concession de lettres de franchise, d'après le type des chartes royales octroyées jadis par l'Angleterre à la Compagnie des Indes orientales, et de laisser en réalité aux intéressés l'administration de la colonie, tout en leur assurant, pour le règlement de leurs conflits, une juridiction européenne, et une sauvegarde qui ne nécessite pas l'entretien d'une garnison permanente.

» Notre projet est donc, non pas de fonder des provinces, mais de protéger dans leur libre épanouissement des entreprises de négoce, en supposant même qu'elles se développent jusqu'à acquérir la souveraineté ; j'entends une souveraineté continuant à s'appuyer sur l'empire, et à s'abriter sous sa protection ; et cela, pour les défendre autant contre les attaques de leurs voisins immédiats que contre les empiétements et l'oppression d'autres nations européennes. »

Il y a là tout un programme ferme, convaincu, ayant conscience de sa force, assuré du succès, autant qu'il est possible humainement de l'être.

Notre France, si laborieuse, si économe, douée dans son ensemble de tant de courage et de tant de vertus civiques, ne mériterait-elle pas aussi d'avoir à sa tête de véritables hommes d'État, sérieux et désintéressés, capables de refaire sa force et de lui donner la paix et la concorde, au lieu des brouillons qui la ruinent et qui ne cherchent qu'à la diviser en partis hostiles afin d'assurer leur domination ?

L'Allemagne colonise en Europe. — Comparaison du caractère allemand avec le rôle qu'il joue. — L'émigration allemande par tout le monde. — L'Allemand en France sous la nationalité belge, luxembourgeoise ou alsacienne. — L'Allemagne ne colonise pas, elle, et le trop plein de sa population s'étend, comme une tache d'huile, d'abord sur la France, ensuite sur tous les pays voisins de ses frontières, comme si on leur avait dit : autour de l'Allemagne est le champ d'exploitation, ces pays sont tous colonisés, n'usons pas notre argent à acquérir et à créer des colonies, c'est peine inutile. La France sera le déversoir de notre pullulente Germanie, et comme la vie y est plus facile, avec de la patience, en attendant un peu, vous aiderez à agrandir la partie germaine, trop faible pour nourrir tous les enfants qu'elle renferme dans son sein ; allez, allez, colonisez aux portes de la Prusse. Il y a là des pays qui vous recevront. Implantez-y, avec vos individus, vos mœurs et vos coutumes, ne consommez que de la bière, transplantez, par vos habitudes, notre commerce intérieur dans ces pays fertiles, ouvrez des débouchés à nos industries, luttez par votre souplesse les ouvriers, offrez vos bras à vil prix, c'est autant de fait pour l'avenir. Acquérez petit à petit, s'il est possible, le sol qui deviendra ainsi la propriété du nombre, soyez coulants en affaires, captez la confiance, glissez-vous peu à peu dans l'intimité, et sachez rendre service à votre pays en copiant et en envoyant tous ces renseignements si utiles pour agrandir nos industries naissantes et que notre esprit lourd et lent ne transforme pas assez vite. Ne voyez dans le pays que vous habitez que des ennemis que vous devez surveiller, scrutez le fond de leur pensée, aux gens de ces pays, sachez exploiter les plus faciles, et par tous les moyens même dominez-les. L'instruction et l'éducation nationale que nous vous donnons vous a appris à vous immiscer facilement aux coutumes et aux mœurs si simples de ces gens, ils ne sont généralement pas défiants, puis d'ailleurs, quand ils s'en apercevront, il sera trop tard, vous y serez, vous y resterez, car pendant qu'ils s'agiteront, qu'ils repousseront la lutte et le cercle de fer dans lequel nous les enfermons, paralysez leurs efforts, semez la discorde entre eux au point de les troubler; pendant ce temps-là, la tache d'huile s'étendra toujours, et un jour comme déjà, ce sera fait, et nos finances, nous les conserverons pour le papa Krupp, qui parlera bien haut, et un jour dit, les fera taire.

A l'appui de ce que nous avançons, nous ne pouvons mieux faire que citer la conversation suivante, recueilli en wagon par un de nos compatriotes :

« Il y a quelques jours, je me trouvais dans le train direct d'Avricourt à Vienne. A Stuttgard, deux personnes montèrent dans le compartiment; c'était la nuit, je sommeillais et ne fis pas semblant de m'apercevoir de leur présence.

» Ces messieurs parlaient allemand ; quand tout à coup l'un dit en français, afin apparemment que je ne comprisse pas :

» — Votre fils est toujours à Paris? Que fait-il?

» — Il va bien, j'ai de bonnes nouvelles, il m'écrit très souvent ; il a réussi à entrer dans une maison de gros. On l'a pris tout d'abord parce qu'il se contente d'appointements minimes ; mais, depuis, il a su gagner la confiance de ses patrons, ce qui lui a permis de me rendre bien des services.

» — En quoi et comment a-t-il pu vous être utile?

» — Homme naïf. Nous envoyons nos enfants ou nos amis en Suisse, en France, en Angleterre, voire même en Amérique, pour servir en qualité de commis, de caissiers ou de correspondants, sous le simple prétexte, toujours bien venu, de se perfectionner dans l'étude des langues étrangères. Comme ils ne sont pas exigeants et se mettent volontiers à toute besogne, ils trouvent vite à se placer. Nous leur envoyons quelque argent pour vivre ; c'est un capital bien placé. Ils prennent pied où ils se trouvent, et le tour est joué.

» — Vraiment ! soyez plus explicite, je ne suis pas dans les affaires et je ne vois pas clairement l'utilité qu'il peut y avoir à nous priver des services de notre jeunesse.

» — En deux mots, voici : ils ont l'œil et l'oreille ouverts, rien ne leur échappe, et toutes les fois qu'ils peuvent se procurer l'adresse de quelques bons clients, sans retard, ils nous la communiquent en ayant soin d'y joindre les indications indispensables sur les besoins, les habitudes, les goûts particuliers des clients.

» Toutes les maisons avec lesquelles nous pouvons entrer en relation par ce moyen paient rubis sur l'ongle. Car ce sont les seuls bons clients dont on nous envoie les adresse. Quant **aux** mauvais, ils restent à nos concurrents ! — Ils n'ont pas besoin de gagner de l'argent, les Français !

» — C'est superbe ! — Et nos deux bons Allemands, dans leur effusion, se serrèrent les mains. »

Nous recommandons la lecture de ces lignes aux industriels et aux négociants de notre ville qui ont l'imprudence et le malheur d'employer des Allemands. Ils espèrent économiser ainsi un peu d'argent, en réalité ils se ruinent et ruinent leur pays aussi (1).

Voilà comment on colonise en Allemagne, et l'émigration continue ; pendant que les uns vont en France, les autres en Amérique chercher le pain que leur patrie leur refuse, les autres encore peuplent la Hollande, qui en est lasse et bondée, la Belgique, qui en est à un point de nous déverser le trop plein de sa population industrielle puisque, comme en France, l'Allemand envahit les fabriques de la Belgique, l'Autriche, la Suisse et l'Angleterre, et enfin l'Amérique seule en recèle plus de 2,000,000. Lorsque nous sommes passés à Anvers, quatre-vingts familles étaient sur le pont d'un grand transatlantique prêt à faire route pour l'Amérique (2). Paris en possède une quantité prodigieuse ; Reims même en a au moins cinq mille ; tous les centres d'industrie en sont peuplés, et ce qui est drôle, c'est que presque tous sont Luxembourgeois, Belges, Alsaciens, Lor-

---

(1) Cette lettre est extraite de *l'Indépendant rémois*, et très postérieure aux lignes de ce rapport, qui ont tant d'analogie avec cette conversation d'Allemands en wagon.

(2) Quel triste spectacle que ces familles grouillantes d'enfants, et à peine vêtus avec décence.

rains ou Hollandais, de sorte que, seulement en Luxembourgeois
le nombre est plus grand que ne le serait deux fois la population
sédentaire et ambulante du Luxembourg lui-même tout entier.

**Protestation au nom du patriotisme des ouvriers
français supplantés dans leurs emplois. — La discipline allemande en cas de guerre.** La France ne peut
pas déverser son trop plein à l'étranger, car le caractère français, pour son malheur, est trop casanier, on peut dire qu'en
général le Français, en mettant le nez à sa porte, s'il ne voit
rien qui trouble la température, alors tout va bien.

Hélas ! il faudrait bien perdre un peu ces habitudes-là, de ne
s'occuper que de soi, et ce serait utile que nous sachions ce qui
se passe chez eux, comme ils le font chez nous ; nous savons
que le caractère français se révolte d'avance, rien que de savoir
que ce serait un rôle d'espion. Puis en outre, le Français isolé
en Allemagne ne pourrait vivre, ils ne sont point comme nous,
indifférents au point d'en employer partout, et pour certains,
c'est honteux à dire, de les préférer au Français. Nous plaignons ce peu de patriotisme, car un jour, si la frontière est
encore menacée, ils ne seront pas là, ceux qui les préfèrent,
pour présenter leurs poitrines à leurs balles, car ils ne seront
point réfractaires : 1870 l'a prouvé. Un seul coup de sifflet et
les voilà partis, prêts à couper la main de celui qui les a nour-
ris. France trop confiante, pourquoi tant de bontés, quand un
peu plus de souvenir te préserverait de tant de déboires à venir, puisse-tu ne jamais plus avoir à déplorer de semblables
coups, et que la paix profonde, malgré cet envahissement préalable, fasse vieillir et tes canons et leurs affûts, sans avoir à les
employer pour repousser l'envahisseur hardi. Cet envahisseur,
quel qu'il soit, d'abord l'Allemand dans nos chantiers, ateliers
et fabriques ; le nombre est plus grand qu'avant 1870, et aussi,
nous autres ouvriers, malgré nos efforts, malgré notre patriotisme, et enfin, malgré ces preuves incessantes que les guerres
ont établies, malgré cette méfiance naturelle dans certains degrés de notre organisation sociale à diverses époques, la classe
du labeur a toujours dû tout endurer, ayant supporté sans trop
se plaindre ce contact de ceux qui sont venus reculer les bornes
de nos frontières il y a treize ans. Nous devons donc encore,

après cette guerre barbare, supporter aujourd'hui ce même joug de l'étranger dans nos rangs, comme si nous étions toujours sous la puissance des armées teutonnes. Depuis leur départ, nous nous apercevons que rien, pour ainsi dire, n'est changé, et qu'au lieu de les voir en uniforme et commander, nous les voyons hautains et même insolents narguer notre patriotisme en nous créant des embarras et des embûches, avec cette persévérance si commune à l'esprit germain.

L'envahissement des chantiers du travail public. — Un vœu concernant ces abus. — Modification du cahier de charges des entreprises et respect des règlements de travaux. — Deux cas différents à Reims en 1883. — Considérations et réflexions sur les ouvriers étrangers. — Nous plaindrions-nous, Français que nous sommes, seulement des blonds enfants de l'Allemagne? Non. Nous faisons les mêmes réflexions pour les Italiens, qui sont le plus souvent employés à la construction des travaux de défense.

Nous avons à ce sujet à émettre un vœu bien national. C'est celui qu'en raison de l'emploi abusif des ouvriers étrangers à la nationalité française, dans les travaux de l'État, et principalement des travaux des forts et casernes, travaux communaux et administratifs, il soit interdit par le cahier des charges, dès maintenant, d'employer d'autres ouvriers que des ouvriers Français ; qu'en outre, les entrepreneurs soient eux-mêmes des français, ce qui n'a pas lieu aujourd'hui à Reims, pour l'un et l'autre cas, dans les conditions suivantes : 1° Les travaux des derniers égouts de Reims avaient pour entrepreneur un Français, quand les ouvriers maçons étaient tous italiens, pourquoi les contribuables qui fournissent au budget des dépenses étant aussi bien des ouvriers que d'autres, n'auraient-ils pas la satisfaction de travailler à ces travaux plutôt que ceux qui, en récompense d'avoir supplanté les Français là et ailleurs, viendront leur prouver leur reconnaissance d'avoir travaillé à leur nez et à leur barbe par des coups de couteau (1) et de fusil, un

(1) Depuis, nous avons fait la preuve que tous les travaux exécutés dans différents endroits, les uns par des Français, et les autres par des Italiens, on a toujours eu à déplorer, de la part de ces derniers, des scènes regrettables dans les localités où ils habitaient ; dans un, vingt-neuf cas de sec-

jour ou l'autre, inévitablement. Est-ce que ceux qui les auront occupé iront offrir leur poitrine à leurs coups ? Non, n'est-ce pas ! Que nous sachions. *Aussi ferons-nous encore cette réflexion : que celui qui, par un lucre quelconque, sacrifie son patriotisme à sa bourse, doit s'incliner devant un règlement qui lui interdise, dans la construction des travaux de défense, d'employer d'autres ouvriers que des Français.* Eh bien ! presque tous nos forts ne sont construits que par des Italiens et des Allemands. On ne doit donc pas crier si, par hasard, un espion est trouvé en train de lever les plans de nos forts, puisqu'ils en ont déjà la description par les ouvriers étrangers qui y ont travaillé. Car, confondus parmi les autres, préférés même aux autres, ils se posent en maîtres en raison du nombre, ils évincent par tous les moyens possibles ceux des Français chez qui la fibre patriotique vibre assez fort pour ne point leur cacher leurs ressentiments, et sur ces faits et sur ces points, nous pouvons citer cent exemples, et la raison est si simple à concevoir que ceci existe : c'est que ces ouvriers étrangers voyagent par bandes nombreuses, dès qu'il y a du travail, leurs agences (car ils ont entre eux des renseignements exacts pour les travaux) les en informent, au point que les jours d'adjudication ne leur échappent point, et que, où un met les pieds, la route est ouverte pour d'autres, emportant avec leurs personnes les moyens de faire évacuer les travaux, où ils sont en nombre, par les Français. Nous le répétons, ces faits ne peuvent être connus que de ceux qui vivent à leur contact, et sans que l'on s'en doute dans d'autres milieux que dans les chantiers, où l'indifférence de ceux-ci fait toujours le jeu de ceux-là, et ils le disent bien, ils se plaignent même, mais les plus avancés, comme partout, sont sacrifiés, et le reste rentre dans le bon ordre comme toujours, quand le besoin est là, imposant le silence.

Sans parti-pris que de signaler les abus, nous insistons pour que tous les travaux qui dépensent les deniers de l'Etat soient exécutés par des français seulement et exclusivement.

2° Car enfin la classe ouvrière, qui doit subir la conséquence du chômage tout en contribuant, par ses moyens, à la produc-

---

nos sanglantes dans un an, tandis que dans les autres, il ne s'est rien passé que quand ils ont été provoqués par ceux dont nous parlons. D'ailleurs, j'ai dirigé des chantiers importants dans lesquels j'ai été forcé d'employer des étrangers, j'eus souvent à m'en plaindre et à sévir.

tion de ces deniers, doit-elle voir d'un bon œil que le fruit des impôts est employé, par exemple à Reims, en 1883, pour la peinture, par un entrepreneur des travaux de la ville qui n'est pas Français, et dont le personnel est également étranger ; ceci dépasse évidemment le droit de cité acquis par ce patenté qui, lorsque la frontière sera menacée, continuera de vivre tranquillement du fruit de son travail, tandis que d'autres seront à regarder aux hirondelles en attendant.

Un mot sur les grilles et la rampe de l'escalier d'honneur de l'Hôtel-de-Ville de Reims. — Interprétation d'un style français à l'étranger. — Le talent d'un artiste français récompensé dans la personne d'un serrurier belge. — Conséquences d'une adjudication dont l'adjudicataire n'est pas l'exécutant. — L'entrepreneur qui a entrepris les travaux de serrurerie de l'Hôtel-de-Ville de Reims, et dont la cause est essentiellement française, est le fait que les beaux dessins de M. Brunette, interprétés par un serrurier belge à qui cet entrepreneur en avait confié l'exécution, viennent d'être l'objet d'une médaille d'or à l'Exposition d'Amsterdam, quand les travaux sont exécutés en dépit du bon sens et en tout contraires aux conditions de l'adjudication, qui porte du bon et du solide pour les grilles des fenêtres de notre palais municipal, et qui ne sont que de la camelotte, non comme matière, mais comme art et exécution, au point que ces travaux de fer sont l'objet d'une récrimination de la part des ouvriers, dont on fait ainsi défi en faisant interpréter le style Louis XIII à l'étranger, à Bruxelles plutôt qu'à Reims, ou enfin qu'en France, son berceau d'origine. La rampe de l'escalier d'honneur, dont le magnifique dessin a valu une médaille d'or au serrurier belge qui en a exposé un fragment très bien traité et avec art, et qui nous est arrivé à Reims comme article de commerce, eût pu cependant trouver à Reims des exécutants. On nous donne pour raison, ceux à qui nous en avons parlé, que les prix étaient trop bas ; alors pourquoi celui qui a entrepris a-t-il trouvé moyen de faire un bénéfice en confiant le travail à un serrurier belge, alors que déjà il a dû entreprendre en mettant du rabais à l'adjudication, à Reims ; il y a là une mauvaise concurrence, qui est cause que, au lieu d'avoir du fer forgé, les ornements sont peut-être en fonte malléable, tandis que nos entrepreneurs de Reims n'ont jamais pensé que pour un travail d'art aussi important, ils auraient le droit de frauder, quand d'autres le font, et impunément, enhardis par la réduction de prix qui s'est sensiblement modifiée pour en arriver à l'exécution. Ce ne sont là que des questions posées, car nous sommes certains que la portion de grille exposée à Amsterdam était bien mieux traitée que ne le laisse supposer l'original de l'Hôtel-de-Ville. Puis enfin le serrurier a eu une médaille d'or avec le talent et la conception d'un artiste français, architecte de la ville de Reims. Il en est de cela comme des meubles belges exécutés à Paris. Toujours le talent français récompensé dans la personne d'un étranger quelconque. Qu'on nous pardonne ces réflexions, mais nous sommes forcés de signaler les abus comme le reste.

Des adjudications. — Une idée sur ces opérations administratives. — Un nouveau mode pour l'avenir. — La raison pourquoi. — L'intérêt général garanti. — La possibilité de ramener l'exécution à la véritable pratique industrielle et artistique. — Concernant les adjudications françaises, en général, tout ce qui est du domaine des travaux publics et autres, quel que soit leur genre, enfin tout ce qui est administratif, voici comment nous voudrions voir les adjudications se faire, et ceci pour éviter toute confusion et entente, tout ce qui est de nature à présenter un sujet à réclamations, ou encore qui laisserait des doutes sur la sincérité des soumissionnaires, enfin pour que, selon nous, rien ne pût être préparé à l'avance dans ces adjudications, de sorte que la loyauté et la légalité ne soient nullement entachées par des rabais insensés à fournir une occasion de glisser, et sur la valeur des matières ou emploi de matériaux. Voici ce que nous voudrions voir employer pour les soumissions à ces travaux pour l'avenir :

Que les rabais ne pourraient pas excéder 10 0/0, au-dessus de ce chiffre la soumission serait nulle. Les soumissionnaires auraient la latitude de 0 fr. à 10 0/0 et le soumissionnaire qui aurait mis 9,99 0/0 ne serait pas celui à qui l'adjudication serait accordée. Ce serait celui qui par exemple en additionnant le chiffre des soumissions réunies et formant un nombre total qui serait divisé par la quantité des soumissionnaires. Le produit du quotient désignerait l'adjudicataire dont la soumission se rapprocherait le plus du quotient, soit au-dessus ou en dessous; d'ailleurs le tableau ci-dessous indiquera mieux notre idée qui selon nous, aurait cet avantage de faire concourir les entrepreneurs entre eux plus légalement et qu'ainsi les devis mieux estimés et mieux étudiés n'auraient plus pour but de produire un bénéfice à l'administration quand l'adjudication ne doit servir qu'à bien démontrer qu'il n'y a de préférence pour personne pas plus que dans un tirage au sort.

Voici comment nous pensons qu'il devrait être procédé pour l'avenir à toutes les adjudications, fournitures, etc., de tout ce qui ressort du domaine des administrations de l'Etat et même de ce qui est soumis à son contrôle : par exemple, trois ou bien sept ou encore quinze, quel que soit le nombre de concurrents aux adjudications, les soumissions déposées, rédigées, clairement dépouillées, comme toujours, à haute voix permettraient aux soumissionnaires de faire en même temps la preuve du sort qui aurait désigné l'un d'eux en inscrivant les sommes de rabais pour 0/0 spécifiées par les soumissions, le produit brut divisé par le nombre des concurrents, qu'ils soient 3 ou 20 ou 25 aura toujours un résultat identique, celui d'abord de désigner par l'ensemble l'adjudicataire qui aurait, par modération, employé le rabais le plus proche des résultats.

Voici comment nous comprenons ce tableau :

N° d'Ordre	NOM ET PRÉNOMS DES SOUMISSIONNAIRES	RABAIS exprimé en chiffres		RÉSULTAT DÉFINITIF
		f.	c.	
1	Carmin Joseph	3	43	
2	Loustalot Louis	9	90	Produit total
3	Verrier Arthur	7	23	à diviser par le
4	Dufresne Grégoire	8	19	nombre de con-
5	Laherse Philippe.	2	05	currents : **12**
6	Chamand Pierre	6	28	
7	Parois Georges.	4	37	
8	Bloquin Nestor (adjudicataire). .	5	75	66 70 | 12
9	Franchan-Tiburce	1	90	06 7 | 5 55,
10	Chalange-Hilaron.	8	90	0 70 | quotient qui
11	Lupin Antoine	3	95	10 | désigne l'adjudica-
12	Cabantar Xavier	5	05	taire
	Total. . . .	66	70	

Ainsi le résultat au tableau de 12 concurrants désigne le numéro 8, Bloquin (Nestor), qui a donné le chiffre de rabais le plus proche du produit, qui est 5,55, alors que sa soumission était de 5,75.

Une chose en amène une autre, et si nous avons parlé d'adjudication dans ce rapport, c'est qu'à Amsterdam, chez les entrepreneurs que nous avons visités, nous avons expliqué le système de nos adjudications, nous avons donc parlé des bons et mauvais côtés du système de soumissions cachetées, avec le libre chiffre de rabais exprimé, et des abus que l'on fait dans ces cas. Ces messieurs ont les mêmes ennuis, et ce qui se produit de défectueux chez nous est à peu près de même chez eux.

Enfin il, faut apporter un frein puissant pour enrayer cette foire aux rabais dont le travail en est la première victime. Vient ensuite la matière, les ouvriers qui sont obligés de surmener la besogne, ne pouvant plus toujours apporter les soins voulus à l'ouvrage ; si nous parlons ainsi, c'est en essayant de nous faire comprendre sans blesser personne de part et d'autre, quand tous ont intérêt à voir cesser cet état de choses, nous savons que tous y aspirent, ceux qui dirigent et ceux qui sont dirigés.

Car enfin il faut admettre que, en tolérant cet abus des rabais, les administrations ne font rien de bon pour conserver l'autorité voulue d'exiger toute supériorité dans le travail, fournitures et matières, alors qu'elle sait que cela devient impossible, les architectes, les ingénieurs, et enfin tous les fonctionnaires publics chargés de faire dépenser l'argent en travaux ou fournitures, ne peuvent plus oser faire exécuter, quand il s'agit de travaux, certaines parties avec plus de soin, plus de perfection que d'autres, car les rabais énormes forcent, pour équilibrer le fruit du travail, d'employer tous les moyens de célérité qui ne permettent plus le temps, à ces artistes, d'étudier dans leurs détails infiniment beaux ces créations que le feu du travail englobe dans la quantité des travaux ordinaires ; c'est pour nous un dépérissement de l'art, et ce n'est pas à nous, ouvriers impuissants que nous sommes, d'empêcher ces faits, seulement il est de notre devoir de les signaler, et par cela rendre service aux administrations, mandataires des intérêts généraux. Comme nous l'avons dit, dans notre grande industrie de la construction, en Hollande les travaux subissent absolument les mêmes effets qu'en France ; il en est même jusqu'aux prix de coût et de revient qui sont en rapport avec les nôtres.

Prix des différents matériaux recueillis pour être comparés aux nôtres. — Des adjudications en Hollande. — Pour les matériaux, la charpente en bois ronds (sapin) revient de 65 à 70 francs, sauf rabais entre soumissionnaires ; le bois scié atteint de 90 à 100 francs et monte même à 110 et 115 francs, selon le genre des travaux, mais l'ordinaire reste à 100 francs, sauf rabais ; notre pierre de Savonnière, en Perthois, que nous connaissons sous le nom de pierre de Saint-Dizier, revient à 75 francs, rendue à pied d'œuvre, sans taille, ni débit, ni ravalement, alors on voit que ces prix, puisés par nous sur les séries d'architecte, car il n'y a plus de série de ville ou officielle, sont d'une scrupuleuse exactitude. La peinture faux bois et marbre se paie, finie et vernie, 3 fr. 50 à 3 fr. 75 le mètre carré. Le prix de l'heure de l'ouvrier peintre est de 50 à 55 centimes, le maçon de 45 à 55 centimes, les prix du serrurier sont dans le même esprit que les autres corps d'état, de sorte que tous les prix exprimés par les séries et les carnets de paye nous ont frappé, tant ils sont en rapport avec les nôtres.

Nous avons pris aussi quelques prix de briques dont les dimensions suivent : $0^m18 \times 0^m09 \times 0^m04$, le mille vaut 17 fr., et il en faut 1,300 pour un mètre cube de maçonnerie ; les briques noires, même échantillon, se paient 25 fr. Les briques de $0^m25 \times 0^m11 \times 0^m05$, de 7:30 à 7:40 au mètre cube, la couleur de cet échantillon varie suivant qualité, ainsi que les prix : la 1re qualité se paie 44 fr. le mille, soit 22 florins au devis ; 2e qualité, 32 fr. ; enfin la troisième qualité 27 fr., soit 13 florins 50 le mille, en magasin.

Les carreaux de faïence valent 66 francs le mille ; la chaux d'écaille et de tourbe employée avec 50 0/0 de sable à l'intérieur et 33 0/0 à l'extérieur revient à 1 fr. 17 l'hectolitre, ce qui fait 11 fr. 70 le mètre cube. Le ciment allemand revient au même prix que notre ciment Portland français seulement il domine pour l'emploi, d'après notre appréciation, cet article est plus facile à l'emploi ou du moins c'est ce que font valoir les fournisseurs, mais il vaut moins, nous l'avons acquis. Les entreprises se font par adjudications générales au rabais, cependant, celui qui les entreprend ne se charge généralement pas de la charpente ni de la menuiserie, pour le reste, il est seul. Par exception quand on emploie de la pierre de taille, c'est l'architecte qui en faisant les plans en fait la commande aux carrières qui sont toujours Soignies, les Écaussines, Arquennes, quelquefois Bierghes, Maffles, Comblain-au-Pont (Belgique). La maçonnerie se paie le mètre cube en briques jointoyées de 19 à 22 florins, ce qui fait 38 fr. 50 à 45, la brique ordinaire, maçonnerie en gros-œuvre. La brique agglomérée pour façades ornées de différentes couleurs se paie 26 florins, soit 55 francs. Le tâcheron en maçonnerie a cet avantage d'employer continuellement de la brique qui lui est payée 3 florins à 3 fl. 50 cens dans les travaux confondus des pignons et façade, ce qui fait depuis 6 fr. 25 jusqu'à 7 francs le mètre cube.

La taille de pierre est presque toute exécutée en Belgique, sauf pour les pierres d'importation française, nous y avons trouvé de la Savonnière déjà citée, de la pierre de Lérouville et de Morlaix, qui, plus fine que notre St-Dizier la plus dure a beaucoup de rapport avec cette nature de pierre. Les tailleurs de pierre, qui sont par conséquent des étrangers belges ou allemands, sont payés 25 à 30 cens, ce qui fait 0 fr. 50 à 0 fr. 60 centimes l'heure.

Ce que dépensent les ouvriers en bâtiment pour leur nourriture et leur entretien. — La propreté des pensions d'ouvriers. — Réflexions sur ces derniers points. — Pour la nourriture, il faut se conformer à la cuisine hollandaise, qui, quoique moins appréciée par ces ouvriers que la nôtre, les satisfait, aussi, nous ont dit les tailleurs de pierre et maçons qui prennent pension, avec un florin, ils peuvent se suffire, ce qui fait 2 francs. La chambre garnie comme elle l'est généralement, du plus modeste nécessaire, leur coûte 4 florins, soit 8 francs par mois, ce qui, pour la nourriture et le logement, fait une dépense de 68 fr. par mois, et ils se trouvent bien. Ce qui plaît, dans ces pensions d'ouvriers que nous avons visitées, c'est la propreté observée. (1) Aussi ceci nous a suggéré, l'idée en raison des rapprochements des peuples belge, hollandais et luxembourgeois, que la propreté inouïe de ces pays-là devait être la cause que l'on voit en France tant de domestiques des deux sexes de ces contrées désignées. Nous avons déjà parlé de la propreté des rues, qui frappe l'œil, point de boue sur le pavé, assez rare, sauf dans l'ancienne cité, qui prend depuis le canal du Singel jusqu'à l'Amstel et les quartiers qui donnant sur le golfe de l'Y.

Description des constructions de la ville; quelques effets de tassements, leurs styles. — Les frontons. — Exiguïté des escaliers, ils sont nuls pour nous. — Explication de l'exécution des bâtiments de belle apparence en enduits simili-pierre à la coulée sur place. — Les constructions portent dans cette partie primitive de la ville d'Amsterdam actuellement, un cachet tout particulier d'originalité qui n'est pas sans charmes avec ses vieilles maisons étroites et hautes, que l'âge accuse par un tassement causé par les pilotis trop peu nombreux ou qui sont disparus par l'âge. Ce tassement est assez curieux à examiner, il y a des maisons qui, certainement, se sont inclinées en avant ou en arrière de plus de cinquante centimètres sur la hauteur de la façade, les planchers sont très inclinés, et ceux qui n'ont pas dû être remplacés prouvent que, depuis très longtemps, ces bâtiments sont dans cet état. Nous avons vu des dates portant 1515, et à côté, n'ayant pas fléchi, des dates de 1622 à 1625.

D'autres tassements plus drôles se sont produits, des bâtiments voisins se trouvent inclinés l'un en avant et l'autre en arrière ; depuis ces temps, les raccords de maçonnerie sont faits et ne permettent plus, par la peinture brune qui couvre généralement toutes les façades de l'ancienne cité, de retrouver les places des fissures qui ont dû occasionner de semblables tassements. Toutes les constructions sont en briques, ayant un certain genre de symétrie entre elles, et toutes ces maisons, hautes de deux, trois et même quatre étages, sont généralement sur-

---

(1) Ce n'est pas comme dans beaucoup de pensions d'ouvriers de nos villes, qui laissent parfois à désirer sous ce rapport.

montées d'un fronton en briques et pierre dure dont la partie supérieure se termine en cintre, quant à la base du fronton, c'est-à-dire à la hauteur de la toiture, d'immenses volutes commencent les courbes toujours belles de ces frontons qui sont élégants et d'apparence légère. Les ornements de ces couronnements de bâtiments indiquent fortement l'époque Louis XIII et avant. Ceux exécutés plus tard offrent beaucoup d'analogie, mais sont plus riches. Au milieu de ces frontons, une lucarne surmontée d'une pièce de bois fait saillie dans le vide, au bout delaquelle une poulie indique que les emménagements se font par l'extérieur des logements, et la poulie sert ainsi à tous les étages. Les escaliers sont toujours raides sans balancement et surtout très étroits, rarement une belle échappée, les marches sont hautes, nous avons mesuré des hauteurs de marches depuis 22 jusqu'à 27 centimètres, l'emmarchement dérisoire est 18 et 20 centimètres, encore pas toujours à la foulée.

Nous en avons vu plus qui ne les ont pas que d'autres qui avaient plus. C'est un défaut capital dans toutes ces constructions anciennes et nouvelles ; à part quelques rares exceptions, nous a-t-on affirmé, tout est semblable.

Ceci est la cause du peu de surface des bâtiments, mais alors ceux qui ont le plus de façade en longueur offrent cependant plus de largeur intérieurement. Eh bien ! non, ceux-là sont les mêmes, aussi défectueux sous le rapport de l'art, de la charpente que de la commodité, ensuite les maisons riches font exception à cette exiguïté de surface. Eh bien ! malgré cette faveur, l'escalier toujours pêche par la facilité de le gravir, quoiqu'il devienne plus riche d'exécution, mais ceci ne tient qu'au milieu où il est placé, de sorte qu'à Amsterdam l'escalier est nul pour nous, et nous ne pouvons certainement plus le comparer à nos plus modestes quartiers tournants, encore moins aux escaliers à la française que nous exécutons journellement ; somme toute, sur ce point, nous ne pouvons que consigner le côté défectueux de cette partie de notre art de construire.

Nous avons remarqué de fort belles constructions, notamment sur Singel-Gracht, de véritables hôtels bourgeois d'une architecture sans style marquant, mais non sans un luxe de dessin et de dispositions qui est trop rare dans nos grandes villes de province, ces villas, ces hôtels, ces petits châteaux ayant des tourelles gracieuses, des toitures capricieusement conçues, des balcons formant loggias avec cariatides (en ciment); vous me direz : toute la sculpture qui orne est de la même composition. En fait de pierre, nous ne voyons que les socles, et quelquefois les rez-de-chaussée; encore, dans notre amour pour notre art de tailler la pierre, sommes-nous vivement désappointés quand, de notre œil scrutateur, et curieux comme des pies, nous constatons que nous n'avons devant les yeux qu'un faux travail, et que cette apparence monolithe de ces socles, de ces piles, de ces trumeaux, de ces frises aux proportions vastes, aux prétentions athlétiques, ne sont que des dalles sciées en pierre de Soignies, Arquennes, Écaussines, etc., enfin du petit granit belge, qui sont là pour l'apparence, revêtissant tout un travail en briques fait avant. Nous avons baptisé ce travail, dès que nous nous en sommes aperçus, de menuiserie en pierres; quel nom pouvait-on mieux donner? Mais, malgré cela, tout est beau, d'une solidité douteuse pour nous, mais remplissant un but unique, celui de décoration. Quant à ces façades qui sont en pierre, ou plutôt en apparence de pierre (*car ce n'est que du simili-pierre, composé de ciment suffisamment proportionné avec de la chaux hydraulique et du sable de mer*), on exécute tous les détails d'architecture lorsque la maison est construite, on dispose des moules en creux, selon le dessin demandé, et on coule ainsi. S'agrafant aux aspérités de la brique et dans les joints évidés au préalable, cette composition de simili-pierre, que l'on a teintée au mélage à sec, selon la proportion voulue de la teinte réclamée, soit de pierre bleue de Belgique ou pierre blanche de France.

Quand c'est un balcon, il est disposé en fer. Avant, on maçonne les consoles en imitant à $0^m,05$ près leur forme. Lorsque le balcon est disposé et recouvert d'une dalle sciée de petit granit de Belgique, on fait les raccords avec la composition simili-pierre; les moules des consoles sont disposés avec leurs repairs et aplombs ou saillies; on coule la gâchée, sitôt la prise, on démoule, et voilà une console en moulure et sculpture, sur laquelle il n'y aura plus que l'ébarbage à faire et imiter le layage au ciseau pour lui donner l'apparence de la pierre taillée. Il en est de même pour les chambranles des fenêtres. Des motifs très importants sont exécutés ainsi, de sorte que si on ne s'est pas rendu compte qu'il n'y a pas de joints d'assises, on se figure que c'est toute une pierre fouillée au ciseau et taillée de même. Beaucoup de ces belles maisons et villas des boulevards sont construites de cette façon : c'est de l'art belge. Aussi, à Bruxelles, y a-t-il plusieurs maisons de ces mouleurs cimentiers qui font de grandes affaires avec ce *truc là*, qu'on nous passe ce mot. Ils ont des moules dont les mesures sont variées à l'infini, s'appliquant à tout. L'architecte n'a plus besoin de créer un plan de façade que pour les dispositions, et, en outre, il choisit sur les albums les motifs, et enfin le genre qui lui plait pour son travail, et puis il invente un plan.

Certainement, c'est un moyen comme un autre de faire du travail, mais n'est-ce pas transformer l'art de construire en fabrique de maisons? à quoi cependant le côté mécanique est moins applicable qu'à toute autre industrie. Nous ne sommes pas sorcier, mais nous croyons pouvoir affirmer qu'à notre point de vue, ce genre de travail coûte plus cher que le même travail en pierre de la même dureté que peut l'être le simili-pierre, ou par analogie, et alors le travail serait compacte et beaucoup plus solide en tous cas, selon l'art de construire.

La menuiserie ; considérations sur l'avenir du menuisier. — Un mot sur l'enseignement professionnel comparé au procédé mécanique. — La menuiserie en bâtiment est sobrement exécutée; on n'emploie que le sapin, le chêne rarement, et ce que l'on traite le mieux, c'est certainement la menuiserie des portes d'entrée et des portes cochères, qui ne sont pas nombreuses comme portes élégantes, et c'est ce qui nous fait dire qu'elle est sobrement exécutée. Les portes à petits cadres sont ce que sont les nôtres. Mais où, sans prétentions, je place notre supériorité, c'est que l'outillage mécanique qui fait beaucoup plus vite et plus mal doit être employé plus qu'en France; les assemblages n'ont pas certainement la même précision qu'à la main, et nous avons cru reconnaître dominant l'outillage mécanique.

Sur l'outillage mécanique, on nous permettra un mot. La machine fait plus de travail que la main, ceci est un fait acquis et généralement reconnu de tous. Cette supériorité de la machine, quel que soit son genre, n'existe sur l'ouvrier que comme production, et non comme beauté et solidité dans le travail. Au début, comme dans tous les débuts de la machine substituée aux bras de l'ouvrier, les résultats ont été bons, c'est certain; ce sont des ouvriers achevés qui ont fait fonctionner ces outils. Mais aussi au fur et à mesure que l'outillage mécanique a augmenté a-t-on toujours choisi des ouvriers faits pour conduire ces machines? Par-ci, par-là, oui, mais où on ne les choisit pas, qu'advient-il? Que l'on produit autant mais que le travail est mal fait parce que l'on a remplacé l'ouvrier accompli qui savait déjà bien travailler *à la main* pour employer à sa place un autre ouvrier qui comprend bien, c'est vrai, le fonctionnement de la machine, mais qui n'a plus les mêmes soins et enfin la même intelligence, que celui qui est du métier, lui qui le plus souvent n'est qu'un automate vivant et sans toutes les connaissances nécessaires à accomplir à un bon ouvrier. Cet avantage de la machine n'existe donc qu'au point de vue productif, et ce que nous regrettons, c'est de voir que l'outillage mécanique est la cause que beaucoup de nos ouvriers dans les grands établissements sont rivés à ces établissements ne pouvant pas toujours sortir de ces ateliers pour travailler ailleurs, ou alors sa condition de spécialiste ne lui permet pas de connaître tous les détails de son métier de menuisier dont il porte le nom sans l'être. Voilà donc un homme rivé dans sa condition de spécialiste sans pouvoir en sortir et cela parce que l'outillage mécanique supprime les bras intelligents du métier pour ne se servir que d'hommes outils sans connaissance de l'art.

Que voulez-vous? celui qui conduit une raboteuse ou une mortaiseuse ou une scie à tenons n'a pas besoin de savoir ce que l'art du menuisier exige de talent, il se dit: apprendre, pourquoi? savoir des choses dont je ne me servirai jamais, pourquoi? je sais conduire n'importe quelle machine de l'atelier, donc je sais travailler. Mais non tu ne sais pas travailler et si ton outil-machine te fait dire cela, nous disons nous que ton intelligence s'étiole à toujours faire la même chose, et quoique tu ne te servirais pas de ce que tu apprendrais, il peut se faire que ce talent acquis t'appelle à tracer ce qu'un autre te fait faire et ce dont tu n'as pas besoin maintenant. Puis ton esprit s'élève, tu vis au lieu de végéter, car nous soutenons que l'ouvrier intelligent qui sait plus que son métier ne lui demande, goûte davantage et son art et la vie. Puis la culture de l'esprit élève l'intelligence, c'est une barrière, un frein, on est plus homme, on se fait mieux estimer par ceux qui vous apprécient, puisqu'on est plus compétent et par conséquent la machine-outil n'est plus si monotone à faire marcher.

La couverture. — Les croisées en Hollande. — La peinture en bâtiment; quelques explications; un mot à nos apprentis peintres. — Le dessin; son utilité pour combattre la concurrence allemande. — La couverture se fait généralement en tuiles, fabriquées dans le pays, les modèles sont variés et nombreux, l'ardoise est employée plus rarement. Presque partout, surtout dans les constructions neuves, nous avons constaté l'absence de tuyaux de descente des eaux pluviales, toutes ces descentes sont noyées dans l'intérieur des habitations, et les eaux descendent dans des branchements d'égout, et vont se perdre dans les nombreux canaux de la ville, qui, entre parenthèses, ne sentent pas toujours bon, surtout la rose de Provins.

Les croisées de la majeure partie des habitations sont à coulisse, dites guillotines, et se remontant de la moitié de la hauteur; ce genre, anciennement employé dans le nord de la France, a certainement des avantages à côté de ses défauts, ceux, par exemple, en raison du vent de ces contrées, de pouvoir ouvrir si peu que l'on veut, pour aérer, sans crainte que le vent fasse claquer les vitres quand la fenêtre est ouverte. Les dispositions intérieures, telles que portes, placards, plinthes et cymaises, etc., ne sont que ce que nous employons journellement sans autre luxe; nous ne pouvons relater que la beauté des travaux anciens comme menuiserie, qui certes font croire que l'on s'attachait plus à la valeur et à la beauté du travail qu'aujourd'hui, heureusement.

La peinture en bâtiments offre, de même que chez nous, les variations les plus grandes, depuis la peinture unie et bien traitée, jusqu'à la peinture du dehors, qui brille plus par la solidité et la conception que par l'exécution, qui laisse quelquefois à désirer. Les ouvriers n'ont peut-être pas toujours toutes les qualités voulues pour exécuter ces genres, variés à l'infini,

que nous exécutons en France, où, soit dit sans fard, on ob-
tient des résultats très supérieurs. Les marbres que nous avons
examinés ont cependant attiré notre attention, mais il n'en est
pas de même pour les faux bois, qui exigent des teintes prépa-
ratoires, desquelles dépend la réussite des nuances variées des
bois imités à profusion dans les constructions neuves de notre
pays. La peinture est généralement traitée au vernis et à l'huile
cuite, le rebouchage et l'égrenage sur les murs ne se pratiquent
pas toujours avec le même succès que chez nous, les enduits
étant rarement faits en plâtre. Le lessivage des vieilles peintures, que nous avons vu faire, démontre suffisamment que cette
opération ne leur est pas aussi familière que chez nous, ou soit
alors la cause que la peinture offre plus de résistance au lessivage que la peinture à l'huile de lin. Comme peinture d'ornement, le poncif et le pochet sont aussi généralement employés
que chez nous ; c'est un genre qui satisfait l'œil, et qui tient
l'ouvrier constamment sous le coup de la routine par son opération naïve et mécanique. Cependant, si la plus grande partie
des peintres qui se livrent à ce genre de décors maniaient un
peu plus le crayon, il en résulterait que, le plus souvent, l'emploi du pochet, qui pourrait être ainsi dessiné par eux, serait
aussi une étude qui rendrait plus dextre l'ouvrier, et finirait par
le rendre assez habile pour ne plus s'en servir que comme
moyen de reproduction, et non comme inhabileté de pouvoir
reproduire trois, quatre, et même dix fois le même ornement.
Car nous nous basons sur les autres genres de décors, marbres
et bois, fleurs, feuilles et fruits, employés rarement, c'est vrai,
mais là, si l'ornement était fait à la main, ou plutôt au pinceau
levé, il est probable que, par son rapprochement de l'art, nos
jeunes gens que la peinture flatte trouveraient une stimulation
plus grande et plus noble, la palette à la main, que de se servir
de calques pour reproduire leur travail. Nous savons que beaucoup cherchent un stimulant par la copie de dessins, font un
peu le paysage et même le sujet, mais c'est à temps perdu, tandis qu'une petite révolution introduite dans l'apprentissage par
l'exigence du dessin, grandirait davantage le goût des apprentis de notre époque. Ce que nous disons est très réalisable, car
nous savons que dans la profession de peintre, il y a une ten-
dance très prononcée chez tous, de pouvoir exécuter chez eux

de petits travaux de fantaisie qui pourraient, en cultivant plus la base de la peinture, qui est le dessin, trouver là un moyen de tirer parti de la morte-saison, qui en atteint la plupart, comme dans les autres professions, en vendant leurs modestes productions, ne serait-ce que des dessins reproduits en couleur, ce serait au moins de la peinture, ensuite la main prendrait de l'habileté, et on pourrait ainsi remplacer pour toute la France entière, en moins de dix ans, cette profusion de chromo-lithographies allemandes qui sont vendues partout cent pour cent plus cher qu'elles ne valent. Est-ce que nous allons chez eux vendre des produits qui ne valent pas leur prix réel? Non, et tout le plus pur de nos gains passe ainsi à payer le double et le triple des produits allemands, que cache souvent une marque française quelconque. Nous donnerons mille moyens de combattre cet envahissement germanisateur, et nous trouvons que notre modeste classe d'ouvriers peintres peut y contribuer elle-même par ses études du dessin, qui en ferait des artistes ; le mot n'est pas trop flatteur, car le chiffre des articles allemands vendus en France est très conséquent, et l'instruction allant toujours croissant, on apprécierait mieux ces petits travaux de peinture, qui combattraient loyalement ces grossières chromo-lithographies, livrées à notre commerce outre prix, bien basés sur le côté flatteur à l'œil du chatoiement des couleurs, et qu'une vente surabondante prouve qu'il y a plus d'amateurs que de connaisseurs. Aussi c'est sur les études approfondies de tous les genres de dessin, unis à la science, que nous devrons de voir revenir la prospérité sur notre chère patrie. En effet, ce n'est pas sans un orgueil bien naturel que ce que nous disons du dessin est vrai, j'en ai eu tant de fois la preuve pour moi.

L'Exposition scolaire de la ville de Paris et de la ville d'Amsterdam. — Les tableaux d'affiches. — Dans cette Exposition d'Amsterdam, que nous avons visitée, et dont, malgré l'étendue de notre rapport, nous ne pourrons pas encore tout dire, est le pavillon de la ville de Paris et de la Seine. L'exposition spéciale de tout ce que l'enseignement du dessin peut produire de beau dans nos écoles françaises était là, scrupuleusement visité par des compétences étrangères, de qui nous avons entendu exprimer la satisfaction et l'admiration pour tous ces

travaux des élèves, travaux théoriques et pratiques parfaitement réussis et dignes des maitres, maquettes de peinture, croquis, esquisses hardies où le trait vivement attaqué, sans hési-
tation ni tremblé, indique que cet enseignement a ce supérieur
avantage de faire se révéler, au début, de futurs artistes, que
ces travaux précoces déjà importants aguerrissent dans l'art de
manier le compas, le crayon, le pinceau ou l'ébauchoir du
sculpteur.

Nous avons particulièrement remarqué dans ce pavillon de
la ville de Paris, les reliefs d'architecture représentant divers
travaux exécutés, tels que le modèle en relief do boulevard
construit par M. Joly, à l'échelle de 2 cent. pour mètre, qui
comprend, étant exécuté en coupe longitudinale de boulevard
et en coupe transversale formant ainsi deux angles de rues, des
bâtiments de quatre étages montrant au-dessous du sol, depuis
les égouts collecteurs et autres, les branchements d'eau et de
gaz, les sous-sols des maisons avec deux systèmes de fosses
d'aisances ordinaires et caveau pour tinettes, filtres avec écou-
lement à l'égout, système diviseur, exposé par M. Deville, chef
de division de service de la voirie. Un modèle en relief avec
plan de la mairie du XVᵉ arrondissement, par M. Devrez, architecte. Un magnifique relief de la bibliothèque de l'école de droit
de M. Lheureux. Enfin, à ajouter avec les plans de l'Hôtel-de-
Ville de Paris de MM. Ballu et Deperthes, une belle réduction à
2 cent. pour mètre de l'église Saint-Joseph, rue Saint-Maur-
Popincourt, par M. Ballu (1), ainsi que le relief du marché des
Martyrs et l'ancien Hôtel-de-Ville de Paris, par un facteur des
postes à La Haye (Hollande).

---

(1) Depuis la déposition de ce rapport, l'auteur a exécuté deux reliefs de
monuments beaucoup plus considérables à des échelles plus petites, malgré
l'importance de ces travaux.

L'un en plâtre, au centième, est exécuté, vu intérieurement et extérieurement, ce projet d'un édifice des styles byzantin et romain est une création
artistique de M. Alphonse Gosset, l'architecte du Grand Théâtre de Reims.

L'autre en zinc fondu et laminé, à l'échelle de 0ᵐ0775 par mètre, représentant l'ancienne église Saint-Nicaise de Reims, est à Saint-Remi pour
servir de châsse.

Les plans de ce relief dessinés par lui également chez M. Bulteau, peintre
verrier, ont été exécutés d'après les données, renseignements et recherches
fournis par M. Charles Givelet, archéologue et membre de l'Académie de
Reims.

Amsterdam avait aussi son pavillon scolaire, spécialement des dessins, des esquisses, etc., enfin n'étant pas scolaires, des photographies artistiques, des gravures au burin et à l'eau forte, des inépuisables cartons, des musées glorifiant, pour tout le monde civilisé, les maitres hollandais des temps passés.

Nous avons remarqué à Amsterdam des tableaux d'affichage très pratiques et dont l'emploi pourrait bien se faire en France et surtout à Reims. Deux colonnes en fonte dans la forme des colonnes des becs de gaz avec des feuillures dans lesquelles est placé un vaste panneau qui permet d'afficher devant et derrière.

Visite des travaux hydrauliques des ponts. — Nous avons visité les constructions de travaux hydrauliques des ponts, en outre un très important sur l'Amstel réunissant ses deux rives à l'endroit le plus large, ce pont qui prolonge le Sarphati-Straat est construit de façon que le tablier au lieu d'être horizontal forme deux plans inclinés dont le sommet est à l'axe du fleuve, de sorte que ces deux plans inclinés, d'ailleurs très bas, mais sont suffisamment hauts pour permettre aux bateaux-mouches de passer et se dressant quand les bateaux à vapeur ou à voiles doivent rentrer ou sortir, car il faut dire que sur le fleuve en remontant pour sortir de la ville c'est le dernier pont, le service des rives est fait plus loin par des passeurs en bateau.

De Rotterdam à La Haye. — Rotterdam que nous avons visitée au retour a tant de rapprochement pour notre art avec Amsterdam, sauf les monuments qui changent sa forme ou d'aspect, que la construction en général de Rotterdam comme dans toutes les villes du nord de la Néerlande, nous disent les Hollandais que nous interrogeons, est élevée sur pilotis.

Le port de Rotterdam est très important dans le genre de celui si beau d'Anvers situé sur la Meuse très large et très profonde et d'un courant même rapide. Le commerce y est très grand, la vie est animée et certes ne le cède en rien à Amsterdam quoique la population soit beaucoup moindre.

Nous ne pouvons oublier un pont d'une longueur d'au moins deux kilomètres que l'on passe à Dordrecht ; ce pont en fer, placé sur le cours de la Meuse si large et si imposante à cet endroit, est construit par la maison Cail.

La Haye, visite au palais du roi, les beautés du local. — Scheweningue, la plage, les villas anglaises et allemandes dans le parc. — La Haye se rapproche un peu plus de la terre ferme, le sol est moins bas, les canaux moins nombreux qu'à Rotterdam et à Amsterdam, la ville est plus bourgeoise, on peut dire tranquille, on s'aperçoit au genre de constructions que cette capitale de la Hollande est la ville royale, beaucoup de villas, d'hôtels de maîtres, nous avons visité le palais du roi Guillaume III, roi du Pays-Bas, grand duché de Luxembourg, etc.

Ce monument où domine le style empire depuis la construction jusqu'aux meubles, etc., n'est pas sans renfermer des beautés artistiques très belles et très rares.

Nous avons été charmé par un bronze superbe, représentant un cerf humant l'air, flairant un danger, son attitude l'indique, on le voit inquiet et l'on devine qu'il prépare ses jarrets pour une course rapide.

Nous remarquons surtout deux grands vases de Sèvres aux proportions grandioses, don du maréchal de Mac-Mahon, pendant son passage à la présidence de la République française ; sur l'un nous croyons reconnaître une reproduction d'un tableau de Rubens dont l'original se trouve à la Pinacothèque de Munich, Castor et Pollux, ces vases ornent l'entrée de la salle de bal dans laquelle nous voyons des chaises de différents genres au nombre de plus de quarante et toujours étant la moyenne partie dans les formes des siéges empire.

Une pendule et ses garnitures de style Louis XIV ornent une grande cheminée du même style et un œil exercé remarquerait comme nous la finesse du travail, tout en admirant le beau dessin de cette cheminée ; quant à la pendule, c'est un meuble artistiquement ciselé et conçu, des peintures sur émaux sont d'une perfection recherchée et nous font par la facture penser aux vases de Sèvres déjà cités pour le genre et le coloris.

Dans ce petit palais, bien des choses nous intéressent et certainement on ne peut pas scruter tout dans ses infinis détails. Citons encore parmi ces variétés une superbe mosaïque formant

un guéridon dont le sujet traité représente les colombes de
Furietti du musée du Capitole à Rome trouvées à Tivoli et dont
les nombreuses reproductions lorsqu'elles sont aussi belles que
celles-là méritent une citation. Cette mosaïque en marbre dont les
cubes infiniment petits qui forment ce gracieux tableau n'ont pas
plus de quelques millimètres de surface (environ deux ou trois)
est de mille couleurs variées et si bien qu'à un mètre de distance
on se figure une peinture fraiche parfaitement faite. Le fond en
porphyre est agrémenté d'un ruban en enroulements offrant
avec les ombres et les lumières un endroit et un envers parfaitement réussis. Les plumes des colombes, variées de tons, bien
dégradées, bien imitées au point que des retroussis de plumes
sont indiqués supérieurement. Le vase dans lequel elles se
désaltèrent, placé pour être vu en perspective avec son anneau,
est fort bien modelé et hardiment éclairé. L'herbe sur le devant
du tableau est en tous points de l'herbe. Notre curiosité fut
aussi éveillée par une superbe cheminée en marbre vert, don
du Czar Alexandre II de Russie. Cette cheminée simple comme
une capucine est d'un marbre de Siberie vert très rare, des
parties d'une couleur émeraude et laiteuse, d'autres parties
sont nacrées et azurées offrant un chatoiement de couleurs très
vives des plus belles et des plus rares, de plus ce marbre est
transparent et vous produit à la vue, l'effet de regarder le fond
de l'eau à travers de la glace épaisse en hiver.

Nous citons pour sa rareté ce meuble que nous avons examiné
de très près et dont nous avons reconnu par les assemblages
des petits morceaux rapportés dans les endroits où il y a des
défauts, comme à tous les marbres riches, ces morceaux soudés
et scellés avec un soin inouï, laissent à peine apercevoir les
joints d'ailleurs presque imperceptibles pour qui n'est pas du
métier.

Citons de superbes vases vieux Saxe très riches et uniques, nous dit notre guide, une bonne ou servante du palais
mise à notre disposition pour nous piloter dans ce séjour du
roi de Pays-Bas qui renferme beaucoup de bronzes d'art, de
tapis précieux, des tableaux rares et de prix. Toutes ces raretés
sont des cadeaux, parait-il.

Nous profitons étant à La Haye pour visiter Scheveningue,
cette plage des heureux de la Hollande, de l'Allemagne et de

l'Angleterre ; c'est une petite ville de pêcheurs de la mer, là il n'y a point de port, rien ! la plage est nue, les dunes s'étendent à perte de vue à droite et à gauche formant une légère courbe. Du sable, du sable, rien que du sable. Dans ce petit paradis-là, 18 à 20,000 étrangers séjournent périodiquement tous les ans pendant la bonne saison pour venir y délasser leurs membres fatigués du repos et leurs estomacs délabrés par la bonne chère ; séjour charmant, il faut croire, et les villas de vrais nids sous les bois. Nous y remarquons l'absence du chêne. Des châteaux coquets apparaissent à travers les éclaircies du bois. Au fur et à mesure que notre voiture avance (*car nous avons pris une voiture pour aller plus vite*), Scheweningue est à 35 ou 40 minutes de La Haye, cette distance est parcourue et sillonnée par d'innombrables voitures, notre guide nous explique (*tant bien que mal*) que de riches Anglais et Allemands y amènent avec leurs personnes, leurs attelages et livrées et y ont fait construire pour pied-à-terre ces superbes demeures que nous apercevons partout. Nous parcourons la plage, nous voulons aller du côté de l'établissement des bains, mais la pluie survient et gâte ainsi notre excursion sur les bords de la grande mer du Nord. En ce moment la marée monte et diminue, pour nous, la vue de l'immensité de cette plage, parait-il unique en son genre.

Nous retournons à La Haye plus vite que nous en sommes partis, vu le mauvais état du temps qui nous confine dans un établissement pour plus de deux heures. Nous citerons le Sénat de fort modeste apparence, au fond d'une petite cour située entre les maisons qui l'avoisinent. N'oublions pas de dire que le palais du roi est sur rue comme une simple maison, formant deux ailes avancées à droite et à gauche en avant du pavillon central. Ce palais d'une apparence bourgeoise est très bas. Le rez-de-chaussée intérieurement n'a pas plus de 3^{m}50 de hauteur ; pour y arriver, un perron de trois marches vous invite à monter, puis vous vous trouvez dans la salle des Pas-Perdus (1). Un escalier modeste en pierre vous montre le chemin des appartements livrés au public visiteur. Quant aux appartements de la famille royale, ils se trouvent situés sur les jardins et parterres

---

(1) On m'a affirmé qu'il y avait un factionnaire à la porte, je n'en ai pas vu.

qui sont derrière le palais ; nous jetons un coup d'œil par une fenêtre de ce côté : des fleurs et de la verdure ornent ce paisible séjour du roi.

Anvers, visite aux monuments. — Anvers que nous avons déjà vu un peu à l'aller nous accorde plus de temps au retour et nous permet de visiter un peu mieux les édifices que nous n'avions fait que regarder à peine. D'abord la cathédrale et son hardi beffroi tant cité par les connaisseurs et amateurs attend comme Strasbourg de voir construire sa sœur la 2me flèche dont nous admirons la légèreté si gracieuse et si belle à la fois, de celle qui se dresse imposante et si fière à 126 mètres de haut du sol.

Quelle conception ! quel génie d'art ! l'a ordonné ce morceau d'architecture qui certainement mérite qu'une plume plus savante que la nôtre en fasse la description. Disons ce que nous en pensons, du bien, rien que du bien pour commencer. Ensuite que ce chef-d'œuvre d'architecture date des XVe et XVIe siècles et prouve par son intérieur que l'art le plus sérieux et le plus autorisé a présidé à la savante étude de ce joyau de pierre. Sept nefs parallèles se présentent à la vue dès qu'on entre. Trois à droite et trois à gauche de la grande nef très haute et très élancée, de chaque côté en retour sur les nefs comme pour les compléter sont les croisillons des transepts qui ne le cèdent en rien aux beautés de la nef ; au fond, le chœur, très long ; au centre une coupole dont la voûte à 80 mètres du pavé est superbement décorée d'une assomption peinte en raccourcis pour être vue du bas. Cette peinture bien proportionnée pour que la distance n'amoindrisse pas l'effet est d'un élève de Rubens, mais dont la palette rappelle beaucoup le maître, citons entre temps une tête de Christ de Léonard de Vinci, superbement belle, peinte avec cet art et cette âme qui caractérise si bien les plus belles créations de la renaissance italienne.

Les voûtes de cette église aux dispositions gothiques de notre unique architecture française, sont gracieuses, et quoique supportées par des colonnes élancées aux proportions sveltes qui portent leur poids considérable, elles n'ont pas l'apparence grêle que tout d'abord on avait tenté de croire. Le chœur et le sanctuaire sont fermés par des chapelles absidales, les nefs renfermées par des travées des chapelles pour toutes les dévotions. Ces chapelles d'un grand luxe architectural très beau diffèrent beaucoup du style majeur de l'édifice. Cependant, faisons la remarque que beaucoup des travaux de sculpture sont en bois ou marbre, des autels et confessionnaux appartiennent au style Louis XIV et Louis XIII dans ce qui est le mieux de cette époque.

L'orgue du même genre, décoré d'une ornementation capricieuse et savante à la fois, est aussi du style Louis XIV. Le maître-autel monumental, en marbre de plusieurs couleurs, est un chef-d'œuvre d'un dessin majestueux, il s'élance jusqu'au sommet de la grande voûte du chœur. Le tombeau aux courbes superbes est très certainement bien trouvé. Les motifs sont formés des ordres grecs les plus beaux avec des niches peuplées de statues en marbre blanc. Le tableau d'autel de Rubens n'était pas visible pour nous à l'heure qu'il était, de sorte que nous ne pouvions voir ces immenses tableaux qui sont cachés par de grandes draperies vertes qui les dérobent aux yeux des curieux.

La chaire qui rivalise avec celle de Ste-Gudule à Bruxelles est en chêne massif, ce chef-d'œuvre est traité de la même façon que celle de Bruxelles qui révèle beaucoup d'art et de patience. Cette chaire, supportée par des guerriers, n'est qu'un bloc de feuillage de chêne sculpté avec des oiseaux. L'abat-voix est formé d'une branche d'arbre également fouillée dans le massif du bois, enfin c'est véritablement un arbre sculpté.

Les stalles du chœur sont merveilleusement belles, là au moins plus d'un connaisseur pourrait rêver sur la beauté de l'exécution, le choix du bois et la précision de l'assemblage, la légèreté du travail, la hardiesse de la conception. Sur le gracieux ensemble de ces stalles magnifiques, sur la régularité des travées à droite et à gauche, se répétant avec une symétrie superbe, et en outre offrant un effet de perspective surprenant avec leurs flèches en dentelle. Ce que nous disons est certainement acquis à ce travail de menuiserie d'art et de sculpture ravissant de goût. Tout un monde de statuettes pullulent dans les niches très nombreuses formées par ces pinacles élancés qui forment dais au-dessus des sièges. Ces pinacles des stalles sont tous ajourés, ils ont facilement de six à sept mètres de haut. Quant à la flèche elle a bien de quinze à seize mètres du dessus du sol au sommet. Ces stalles du même style que l'église conservent par leurs proportions et dispositions plus du XVᵉ siècle que du XVIᵉ. L'ornementation est bien XVᵉ siècle, tandis que les lignes indiquent la renaissance française. Cet étonnant travail de menuiserie date de quarante ans au plus et se répète à droite et à gauche du chœur sur une longueur de vingt-cinq à trente mètres environ. Le port d'Anvers est très animé et nous constatons que la présence de navires allemands et anglais domine, d'autres peu sur le pont d'un de ces mondes flottants, celui-là très grand surtout contient quatre-vingts familles d'émigrants allemands.

Le gouvernement allemand, voulant se rendre compte de l'émigration de ses nationaux, a prescrit à ses agents consulaires de faire le recensement de ses sujets qui se trouvent sous sa protection.

Il se trouve :

	Allemands
En Suisse	95.262
Autriche-Hongrie	95.510
Italie	5.224
Suède	953
Finlande	628
Bosnie	698
Grèce	314
Chili	4.033
Egypte	879
France	81.988
Pays-Bas	42.026
Grande-Bretagne	40.871
Belgique	34.196
Danemark	33.158
Norwège	1.471
Espagne	952
Russie	304.299
Etats-Unis de l'Amérique du Nord	1.966.742
Queensland	11.638
Australie du Sud	8.798
Etat-Victoria	8.574
Nouvelles-Galles du Sud	7.524
République argentine	4.997
Nouvelle-Zélande	4.819
Algérie	4.201
Uruguay	2.225
Pérou	898
Tasmanie	782
Etat de Guatemala	231

L'Amérique du Nord possède le plus grand nombre d'Allemands :
1.966.742 ; puis vient la Russie avec 394.229 (beaucoup sont employés
dans l'administration de ce gouvernement) ; viennent ensuite l'Autriche-Hongrie et la Suisse.

Cela fait pitié, tout ce monde entassé en attendant d'achever
ce chargement qui se fait avec une rapidité vertigineuse, ceux
qui embarquent la houille sont là courant, suant toujours, au
pas gymnastique, d'autres embarquent des milliers de petites
caisses, d'autres du fer, des tonneaux, ce n'est pas un travail,
c'est un enfer ; enfin, par tout le port la même activité règne
avec un égal entrain. Nous visitons les constructions en briques
et pierres de la Belgique, nous voyons de la pierre de Morlaix
et de la Savonnière, l'outillage manque, les tailleurs de pierre
n'ont pas le même avantage que nos ouvriers pour traiter ces
pierres qui sont plus de notre domaine que du leur. Ce sont
généralement des tailleurs de pierre des Ecaussines, de Liége
et Soignies qui travaillent dans Anvers, ils gagnent de 0 fr. 50 à
0 fr. 60 de l'heure, ce qui correspond aux prix de nos chantiers
de la ville, mais ne font que onze heures de travail, avec deux
francs, nous disent-ils : cela peut suffire pour vivre comme compagnon.

L'Hôtel-de-Ville est très vaste, et approchant le même monument que celui d'Amsterdam, c'est-à-dire formant un grand
rectangle, entouré de rues étroites construites à la même époque, XVIe siècle à la fin, et commencement du XVIIe. Sur la place
de l'Hôtel-de-Ville, quelques anciens bâtiments gothiques, simples, d'autres renaissance, nous offrent de beaux spécimens de
ces époques. Le superbe puits devant le beffroi, travail d'un
serrurier artiste, prouve un goût élevé de son auteur, est ancien.

Le beau théâtre flamand, du même genre que le théâtre
d'Amsterdam, sont des constructions modernes, le musée Plan-
tin, où l'on admire Rubens et Van Dick, ces deux artistes des
cours de France et d'Angleterre.

Anvers est très curieux à visiter ; cette ville, ancienne déjà, a
beaucoup conservé de ses vestiges de l'art, citons la maison de
Rubens, avec laquelle beaucoup de maisons des siècles derniers, attestent une époque florissante pour la ville, et fournissent bien des motifs d'étude. Cependant nous pouvons relater

que, dans bien des cas, la pierre est employée par dalles, revêtissant des dispositions en briques ; toujours la menuiserie en pierre.

Bruxelles. — Visites aux monuments. — Description des plus beaux spécimens. — Bruxelles est construit plus solide, mais nous remarquons comme à Amsterdam, Rotterdam, La Haye et Anvers, ce même clinquant de dalles simulant l'emploi de pierres de taille formant l'épaisseur complète des murs, quand c'est le contraire. Toutes les maisons ne sont pas construites avec ces dispositions, sur le boulevard du Hainaut et Amspach, mais encore en voyons-nous tout de même, et parmi les plus belles. En tous cas, il y a à Bruxelles bien des belles constructions qui peuvent fournir bien des bons sujets d'étude. L'Hôtel-de-Ville fait notre admiration ; ce magnifique palais du xIVᵉ siècle, d'une élégance particulière, surmonté d'un beffroi élancé et haut de 130 mètres, est digne en tous points de son créateur, car il est très bien exécuté. En face, on construit un bâtiment dans le même genre qui, par son importance, excite nos regards. La pierre employée est la pierre des Écaussines. Ce petit coin de Bruxelles est très curieux à visiter, toutes les constructions sont anciennes et fort intéressantes.

La cathédrale aussi a été l'objet de notre visite ; située au haut d'une rue montante, sur une place assez belle et grande, on y arrive par un grand perron qui rachète, face à la rue qui accède à la cathédrale, la différence du terrain et du niveau de la place, qui est fort inclinée, surtout en avant du portail. La chaire à prêcher, un bloc de chêne sculpté qui représente Adam et Eve, chassés par un ange ; cette chaire est d'une beauté vraiment rare, c'est un pur chef-d'œuvre d'idéal, comme celle d'Anvers, avec ses feuillages, ses oiseaux énormes. L'abat-voix est magnifique de légèreté, et fait l'objet de l'admiration la plus méritée, mais j'aime mieux celle de la Neuve-Église, d'Amsterdam.

Le Palais de Justice d'un style grec, en construction, est un immense monolithe de pierres dures inspirant la solidité pour des siècles nombreux. Dans deux mille ans, on en parlera comme de l'Acropole d'Athènes, les vestiges, pas plus que ceux du

Parthénon, ne s'envoleront au vent, à moins que le vandalisme ne s'acharne à ce géant de pierre, de marbre et de bronze, que l'éternité respectera comme un gage de ce que peut la volonté humaine, d'enfanter de pareils projets, et dont les auteurs n'ont pas toujours la satisfaction d'admirer debout leur œuvre achevée (1). Témoin l'habile artiste qui a conçu ce plan aussi hardi que beau, et que la mort a moissonné trop tôt. Ce monument a eu sa part de travail fait par nos compatriotes, entre autres Maingot, de Reims, le fils de Maingot, le tailleur de pierre, était chargé de la direction décorative, sculpturale ; cet artiste habite toujours Bruxelles, et tout en s'occupant de l'édifice, s'occupe de beaux-arts, et expose avec succès comme aquarelliste.

Nous avons remarqué le palais du roi, un grand fronton décoré d'une superbe mosaïque ; le palais du prince d'Arenberg, du comte de Flandre, enfin les palais et monuments que nous trouvions sur notre passage ; nous avons visité l'exposition de photographies, et nous avons constaté que Reims était supérieurement représentée par M. Trompette, qui avait exposé de précieux spécimens de ses beaux produits artistiques.

Conclusions et desiderata. — Nous avons vu beaucoup et beaucoup consigné et retenu dans ce rapport, nous oublions bien des points, car pendant 15 jours d'absence de notre vieille cité rémoise, combien avons-nous pu voir de choses, toujours intéressantes et surtout nouvelles pour nous, ou à peu près. Tout frappe le regard, lorsqu'on voyage à l'étranger, il semblera que nous avons été long dans ce compte-rendu, c'est vrai, mais nous ne ferons qu'observer ceci : Nous sommes trois pour qui je parle et raconte les impressions, soit favorables ou non, nous l'avons fait sans aigreur et sans parti pris, c'est-à-dire critiquant ce qui nous a paru mériter la critique, et selon que nous envisageons les faits ou les choses au point de vue national ou non, c'est-à-dire contraire aux intérêts de la France.

Il en est qui en diront moins que nous, puissent-ils être aussi dévoués que nous essayons de l'être ; il en est beaucoup qui, comme nous, se sont bien occupés et ont bien travaillé pour ap-

---

(1) Comme l'architecte de l'Opéra, M. Charles Garnier, et MM. Ballu et Deperthes, les architectes de l'Hôtel-de-Ville, à Paris.

précier et voir. Mais il en est d'autres qui, au contraire, n'écriront rien pour ne pas déroger ou désobéir à un mot d'ordre, ne voulant pas se mesurer avec ceux qu'ils appellent officiels. Officiels ou non, nous sommes assurément plus indépendants qu'eux, car c'est un devoir de Français que nous sommes allés remplir à l'Exposition d'Amsterdam, nous avons conscience de notre mandat, aussi nous ne pouvons que plaindre ceux qui, par esprit de contradiction, ont nommé des Belges pour aller représenter les ouvriers français en Hollande, se basant sur ces principes qu'on ne peut contrôler leurs actes. Nous avons déjà protesté contre les réunions organisées tant à Bruxelles qu'à Amsterdam, par des délégués français, nous protestons encore que ce soient des Français, des patriotes qui aient fait cela, d'envoyer des Belges à Amsterdam, quoique cependant eux-mêmes nous l'ont affirmé. Il y a eu une pression étrangère aux questions ouvrières, qui a déterminé ces actes-là ; pour nous ce ne sont pas des Français, des ouvriers réunis en corporation qui ont nommé ces étrangers, mais plutôt une réunion d'ouvriers sans contrôle entre eux pour constater la majorité d'éléments étrangers, ayant à la tête quelques Français qui appartiennent à un groupe révolutionnaire, comme tête de colonne, et qui, acceptant la responsabilité, ont servi à cacher une corporation belge ou autre qui a nommé ses membres, plutôt que des Français. Car nous ne pouvons admettre un seul instant que si la majorité d'éléments français avait dominé, qu'un seul n'eût pas protesté contre cet exploit anti national, d'éliminer les ouvriers sérieux et nationaux ; si cela est, et qu'ils aient désigné, eux aussi, ces délégués belges, nous nous demandons jusqu'à quel dégré de faiblesse ils sont descendus, ceux qui veulent retourner toutes les couches de la société.

Ici nous ne voulons qu'établir un parallèle entre les délégués français, nommés par des Français qui identifient leurs intérêts avec ceux de la patrie commune, et les délégués de certaines villes, dont quelques-uns étaient des sujets belges. Nous l'avons dit, nous plaignons et regrettons profondément que des ouvriers ont commis insouciamment cet acte anti patriotique, et se soient faits forts d'avoir ainsi oublié leurs devoirs de Français.

Car, lorsque pourrait venir le besoin de défendre le pays, les Belges que nous respectons, pour eux la frontière est proche, et si proches que, ce jour-là, ils ne seront plus là. Voilà comment les intérêts français auront été défendus par les délégués belges, à l'Exposition d'Amsterdam, qui représentaient les ouvriers de Lille.

Nous terminons ce rapport, Monsieur le Maire, où tour à tour nos sentiments de patriotes français sortent du langage que nous eussions dû employer, selon que nos impressions sont plus ou moins pénibles. On nous pardonnera notre incohérence de langage, qui devrait être plus modéré, mais notre franchise, sur laquelle nous comptons, nous fera excuser. Si nous avons été banal dans ce travail, nous n'avons qu'à expliquer que notre instruction n'a pas été cultivée au lycée, et que les fleurs de rhétorique nous sont inconnues. Nous écrivons nos impressions, ce que nous avons vu, ce que nous pensons, ce que nous voudrions que l'on sache, ce que nous voudrions que l'on voie, enfin, ce que nous voudrions montrer sous le vrai jour : les besoins du travailleur, quels qu'ils soient, qui voudrait si bien être entendu des siens d'abord, et de ceux qui tiennent entre leurs mains les destinées du travail, que nous prenons dans tous les degrés de la Société. Nous vivons dans un milieu qui a besoin de toute la sollicitude possible, dont les opérations, légitimes parce qu'elles sont vraies et simples, méritent qu'on prenne la peine de les entendre et qu'on y fasse droit. Ce milieu, auquel appartient l'ouvrier sans distinction de condition, pris par son bon côté, peut produire énormément de bon. Et, ce que nous osons demander, c'est de lui accorder tout ce qui peut lui être utile, lui faciliter par tous les moyens légaux ces droits qu'il attend, ces droits si simples de vivre en travaillant à l'abri des besoins de la vieillesse pour lui et les siens; enfin, la certitude d'un avenir exempt de souci et de souffrance. Car un seul, dans le besoin, prouve en la faveur de tous de prendre des mesures eux-mêmes, quand, après la journée de labeur, la volonté est souvent nulle pour essayer de mettre à exécution ces bonnes pensées de l'avenir. Toujours il lui manque ce courage, tué par l'indifférence publique et générale, de provoquer chez ses collègues ces simulants moyens de satisfaire entre eux aux besoins les plus pressants des plus malheureux. Ces stimulants, c'est toute la liberté possible, pour de si vastes organisations, qui devra, tout en développant l'amour du beau, de l'art, de la patrie, rapprocher davantage les ouvriers entre eux, pour ces questions d'avenir, de prévoyance, de secours et d'intérêts généraux. Il faut chasser ces doutes immérités sur la classe du travail, et, au contraire, lui donner les moyens et les exemples de faire, elle-même et par elle-même, ce qui la divise et l'irrite de n'aboutir qu'à des résultats nuls, c'est-à-dire lui apprendre à fonctionner, à diriger, à concevoir en étudiant *de visu*, les moyens pratiques et théoriques des sociétés en général. Nos souhaits sont simples à la fois, les ouvriers ne sont pas exigeants, puisqu'ils ne demandent que ce qui leur peut être nécessaire seulement, car, hélas! il y en a tant qui manquent de nécessaire. Que la besogne, sans atteindre ces fièvres de produire, ne manque jamais, que le mouvement continuel, d'une année à l'autre, suive son cours, et que le chômage forcé et occasionné soit lettre morte, car l'élément étranger et l'indifférence générale sont seuls la cause de ces arrêts dans l'industrie, qui produisent tant de perturbations dans les esprits, et creusent pour longtemps des fossés de haine et de division entre des hommes que tant de raisons forcent à vivre au contact les uns des autres.

Vous voyez que nos souhaits sont bien simples, aussi comptons-nous obtenir satisfaction dans bien des points. Les syndicats ouvriers ont besoin de liberté, de plus de liberté. Si il en est qui en abusent, tous ne sont pas de même. Selon les lois de l'équité, ceux qui sont calmes, qui aident à développer l'intelligence ouvrière, ne peuvent être un instant confondus. Leur rôle est grand, sublime même, aussi il faut leur donner les moyens de faire plus encore. De leur développement normal, de leur bonne organisation, de leurs études économiques, de l'influence morale qu'ils acquièrent sur leurs membres dépendent le maintien de l'ordre, la prospérité de l'industrie nationale, la richesse et la grandeur de la patrie. C'est le vœu le plus juste que nous puissions faire, et ce sont là nos plus anxieux souhaits, avec lesquels nous avons l'honneur d'être avec respect,

POUR LA DÉLÉGATION :

J. LEPAGE-MARTIN,

Dessinateur-appareilleur, Professeur de cours de l'Union syndicale du Bâtiment, Rapporteur.

Plusieurs croquis,
Déssinés par l'auteur.
Souvenirs de Hollande.
en Septembre, 1883.

J. Lepage-Martino.

Voir la Note, page 701.

Voir la Note page 101

le palais de l'industrie
Canal des Rietlanden
d'amsterdam à Ymuiden

Damrack

Le poids (ancienne chambre
de maçons)

île de Marken
Hollande du nord
une maison sur le Keizersgracht

Krommenie
Hollande méridionale
La Haye
Province de Zélande

ERRATA

—

Lire page 76, 3ᵐᵉ ligne, *Meinher Mauser* au lieu de Meinhen-Mausssen.

   » même page (section anglaise), 3ᵐᵉ ligne, *réfractaires* au lieu de réfractéres.